QUELQUES

MERVEILLES DE LA NATURE ET DE L'ART.

PARIS. — IMPRIMERIE DE CH. MEYRUEIS ET Cᵉ,
rue Saint-Benoit, 7. — 1856.

QUELQUES MERVEILLES

DE

LA NATURE ET DE L'ART

LECTURES INSTRUCTIVES

POUR LES FAMILLES ET LES ÉCOLES

PAR

A. VULLIET.

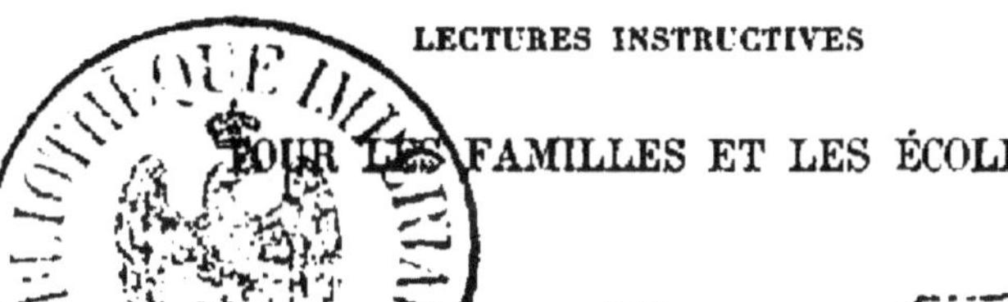

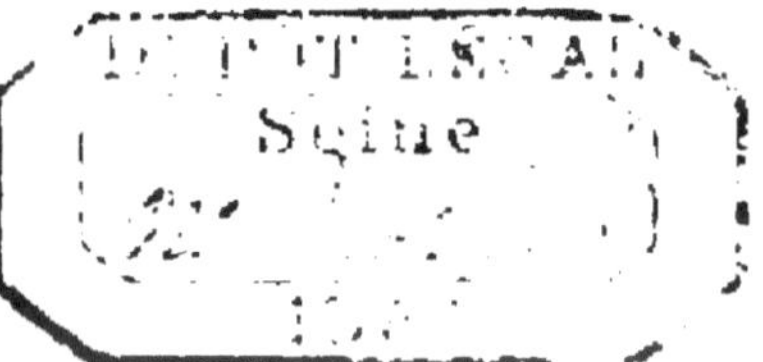

PARIS

LIBRAIRIE DE CH. MEYRUEIS ET Cᵉ,

RUE TRONCHET, 2.

GRASSART, LIBRAIRE | CHERBULIEZ, LIBRAIRE
RUE ST-ARNAUD, 4. | RUE DE LA MONNAIE, 10.

1856

L'auteur se réserve le droit de traduction.

I

Un bijou de 5 millions et des épaulettes de 600,000 francs.

Un bijou de 5 millions ! vous écrierez-vous, mes chers amis, quelle dépense folle pour un objet inutile, et sans autre usage que celui de satisfaire une sotte vanité ! Oui, vous avez raison ; s'il se trouvait quelqu'un qui consentît à acheter à ce prix le fameux diamant que nous avons vu exposé dans le centre du Palais de l'Industrie, ce serait vraiment une dépense exorbitante et insensée, dont la plupart de mes jeunes lecteurs ne se font même que difficilement une juste idée. Cinq millions ! savez-vous que cette somme, en pièces d'un franc mises à côté les unes des autres, formerait une ligne de 115 kilomètres de longueur, à peu près égale à la distance qui sépare Paris de Rouen ; et qu'en pièces de cinq francs, cette ligne serait longue de 37 kilomètres, plus de 9 lieues ? Essayez d'après cela de vous représenter les monceaux de pièces d'argent qu'il s'agirait d'échanger contre un bijou un peu plus gros que la moitié d'une noix! — Quant aux fameuses épaulettes en diamants, qui, avec un chapeau militaire enrichi également des mêmes pierres précieuses, étaient évaluées à 600,000 francs, nous doutons que les sujets du duc de Brunswick soient aussi flattés que leur prince, du lustre que la possession de pareils joyaux peut faire rejaillir sur leur petit pays.

Chose merveilleuse! et que nul certainement ne voudrait admettre si elle n'avait pas été constatée jusqu'à la dernière évidence, le *diamant*, cette pierre si brillante et d'un éclat sans pareil, n'est autre chose que du *carbone cristallisé* ou en d'autres termes du *charbon*, dépouillé, il est vrai, de toutes les impuretés qui souillent ordinairement cette matière. Quelle chaleur intense, quelles mystérieuses transformations a dû subir cette substance pour passer de l'état grossier et informe qu'elle nous présente d'ordinaire, à l'état de cristal étincelant de lumière et de la transparence la plus parfaite! Ce sont là des secrets du Créateur, et jamais l'histoire de notre globe ne parviendra à lever les voiles qui nous les couvrent !

D'où vient donc, direz-vous, la cherté excessive du diamant, puisque, par sa composition, il a tant d'analogie avec une matière aussi commune que le charbon? Cette cherté est sans doute quelque peu due aux qualités particulières du diamant; mais elle provient cependant avant tout de l'extrême rareté de ces pierres précieuses, en sorte que si l'on venait à en découvrir quelque gisement considérable dans le sein de la terre, ou si, ce qui ne paraît point impossible depuis les récentes expériences de M. Despretz, on parvenait à transformer le charbon ordinaire en diamant, alors la rareté de cette gemme disparaissant, son prix baisserait aussitôt très notablement.

Le diamant, transparent, doué d'un éclat particulier très vif, est le plus dur de tous les corps connus; il les raye et les use tous, sans exception, et ce n'est même que par sa propre poussière qu'on parvient à le tailler. On ne peut ni le fondre, ni le transformer en vapeur; aucun acide ne le dissout, ce qu'on ne peut dire ni de l'argent, ni de l'or, ni du platine lui-même.

Cette pierre précieuse se trouve en grains irréguliers ou en petits cristaux dans des sables remués autrefois par les eaux. On en rencontre surtout dans la province de Minas-Geraës, au Brésil; dans les environs de Golconde et de Vizapour, aux Indes orientales; dans les monts Ourals, en Russie; dans les îles de la Sonde et en particulier à Bornéo. Dans le Brésil, pays qui nous en fournit le plus, actuellement, on se les procure par le lavage des sables; l'eau entraîne avec elle les particules terreuses plus légères, et ce qui reste est étendu sur une aire bien unie, où l'on cherche les diamants avec les soins les plus minutieux; il est, en effet, souvent bien difficile de les distinguer, car ils sont alors enveloppés d'une matière grossière et brunâtre, que l'on nomme la *gangue du diamant*. On les classe ensuite d'après leur grosseur, puis on les taille, opération qui en augmente considérablement le prix et l'éclat, et qui consiste à user la gemme par le frottement, en la pressant fortement contre une plate-forme en acier, saupoudrée de poussière de diamant, et qui tourne sur elle-même avec une grande rapidité.

Les diamants n'atteignent pour l'ordinaire qu'une bien faible grosseur. On en apprécie le poids au *carat*, qui équivaut à 212 milligrammes. Un diamant taillé de ce poids-là est déjà très beau et vaut plusieurs centaines de francs ; mais à mesure que le poids augmente, le prix triple, quintuple, etc., de sorte que pour ceux de plus de 100 carats, la valeur ne s'apprécie que par millions.

Les plus célèbres de ces pierres précieuses sont : le *diamant du rajah de Matan*, dans l'île de Bornéo, pesant brut 367 carats ; le *Koh-i-Noor* (montagne de lumière), qui, après avoir appartenu au Grand Mogol, a été offert par la Compagnie des Indes orientales à la reine d'Angleterre ; le *diamant de la couronne de Russie,* gros comme un œuf de pigeon et pesant 193 carats, lequel après avoir orné la tiare du grand prince persan Nadir-Schah, fut vendu à l'impératrice Catherine II, pour le prix de 1,750,000 francs ; le *diamant de la couronne d'Autriche,* à la teinte jaunâtre ; *celui de la couronne d'Espagne,* etc.

Mais, sans contredit, le plus remarquable par sa forme, son éclat, sa pureté et la limpidité parfaite de son eau, c'est *le Régent,* qui, dans la rotonde des Panoramas, brillait au sommet de la couronne de l'empereur, au centre de l'exposition des bijoux appartenant à la France. Pitt, un Anglais, longtemps employé aux mines du Grand Mogol, ayant trouvé moyen d'avaler ce joyau et de parvenir à s'embarquer sans avoir subi les investigations minutieuses des agents du prince hindou, apporta ce beau diamant en Europe, et, sur le refus du roi d'Angleterre, le présenta et le vendit pour la somme de 2 millions de francs au duc d'Orléans, qui gouvernait alors la France en qualité de régent du jeune Louis XV, (d'où est venu le surnom de *Régent* donné à ce bijou fameux). Le Régent est de la grosseur d'une prune *reine-Claude*, d'une forme presque ronde, parfaitement blanc, exempt de toute tache et impureté, d'une limpidité admirable. De 416 carats qu'il pesait primitivement (87 grammes), il a été réduit par la taille à 136 carats, et il est évalué à environ 5 millions de francs dans l'inventaire des diamants de la couronne.

Quant à l'*Etoile du Sud*, cet autre bijou de 5 millions, dont nous parlions en commençant, il est de forme conique et gros comme la moitié d'une noix. M. Halphen, un riche bijoutier, l'a reçu en 1853 du Brésil, où il a été trouvé par une pauvre vieille négresse travaillant aux mines, et à laquelle cette trouvaille a valu sa liberté. Réduit par la taille, de 254 à 125 carats, et offrant une grande beauté (bien qu'il renferme intérieurement une particule ferrugineuse), ce joyau n'a pas trouvé d'acheteur au prix élevé qu'en exige son propriétaire.

L'Exposition de 1855 présentait aux amateurs un nombre infini de diamants. L'Angleterre surtout avait déployé en ce genre un luxe inouï. Tel bracelet, exposé par MM. Stoor et Mortimer, était estimé 800,000 francs. Une ceinture en diamants, au centre de laquelle brillait le célèbre *diamant bleu* de M. Hope, était évaluée 750,000 francs.

Cependant, de tous les joyaux exposés, ceux qui attiraient constamment le plus la curiosité de la multitude, c'étaient les *diamants de la couronne* de France, en partie disposés de manière à former deux couronnes impériales, l'une pour l'empereur, l'autre pour l'impératrice. Les pierres précieuses de l'État sont, d'après le dernier inventaire, au nombre de

64,812, ayant une valeur de 21 millions environ. Le plus riche de tous ces joyaux est une couronne sur laquelle on compte 5,206 diamants taillés en brillants, 146 taillés en roses et 59 saphirs (une pierre précieuse d'un beau bleu); cette couronne vaut de 14 à 15 millions. Après cela on peut citer une parure de femme, du prix de 1,668,000 francs; une épée couverte de plus de 1,000 brillants et valant 241,000 francs; un bouton de chapeau entouré de brillants et valant même somme, etc.

Les anciens connaissaient déjà le diamant, bien qu'ils ne sussent pas le tailler comme nous; plusieurs passages de la Bible font allusion à sa dureté et à son magnifique éclat, et Job le nomme avec raison parmi les objets les plus précieux que l'homme puisse s'acquérir par son travail, et qui cependant ne valent pas *la sagesse*. Et en effet, que servirait-il à un homme, comme le remarque Jésus-Christ, de gagner le monde entier, de posséder les diamants et les joyaux les plus magnifiques, s'il vient à faire la perte de son âme, s'il n'est point sage aux yeux de Dieu? Car, ajoute-t-il, encore que les richesses abondent à quelqu'un, il n'a pas la vie par ces biens. Sachons donc modérer nos désirs, ne pas mettre notre bonheur dans ce qui brille, et nous attacher avant tout aux seuls biens durables et permanents.

I

Les pierres précieuses à l'Exposition.

Les diamants, comme chacun le sait, ne sont pas les seules pierres précieuses que les hommes aiment et recherchent dès les temps les plus anciens. Quoique placées toutes à un rang inférieur, quelques-unes luttent cependant de bien près avec le diamant pour la beauté, l'éclat, la dureté; quelques-unes même sont presque aussi rares et aussi chères que lui. Aussi, de même que les diamants, ont-elles brillé d'un vif éclat parmi les produits les plus riches et les plus précieux de l'Exposition.

Les *corindons* sont une famille de pierres précieuses qui viennent immédiatement après le diamant, et qui se composent toutes d'*alumine* (substance fondamentale de l'*argile*) cristallisée, pure, mais colorée cependant presque toujours par une très faible quantité d'*oxydes* étrangers : le *saphir* et le *rubis* sont les principales gemmes de cette famille.

Le *saphir*, le corps le plus dur après le diamant et le rubis, présente une couleur bleue superbe ; les plus beaux viennent des Indes orientales ; quelques-uns (bien inférieurs, il est vrai), de l'Europe méridionale. L'Inde anglaise avait exposé dans ses vitrines de fort beaux saphirs, d'une teinte bleue magnifique, les uns taillés, les autres bruts, tels qu'on les trouve roulés dans les ruisseaux de ce pays ; ceux exposés par les orfévres anglais de Londres étaient remarquables aussi par leur grosseur et leur beauté.

Le *rubis*, de couleur rouge, paraît briller comme un charbon ardent, quand on l'expose à la lumière ; quelquefois il est plus cher que le diamant lui-même, avec lequel il rivalise de dureté. Les rubis, d'un rouge plus ou moins vif, garnissaient les trous destinés à recevoir les pivots en acier et les rouages d'une infinité de montres exposées ; on emploie aussi parfois le diamant à cet usage.

L'*émeraude* est une des plus belles pierres précieuses. L'Exposition nous en a montré un grand nombre de fort grosses ; un des plus célèbres bijoutiers de Londres en avait exposé, non loin du fameux *diamant bleu,* un vrai bloc cristallisé, superbe, et d'une couleur verte magnifique; son prix était des plus considérables. C'était une des pierres précieuses que l'on rencontrait le plus ordinairement dans les vitrines des joailliers, et au centre de la galerie circulaire du Panorama ; un grand nombre de parures appartenant à la couronne ne se composaient que d'émeraudes taillées et disposées avec le plus grand soin. — La couleur de l'émeraude est jaunâtre, bleuâtre, mais le plus souvent vert foncé; la variété vert foncé s'appelle *émeraude noble;* celle qui a une teinte vert jaunâtre est un *béril*, et l'émeraude bleuâtre est désignée sous le nom d'*aigue-marine* (sa teinte rappelle la couleur bleu-verdâtre de la pleine mer). L'émeraude se trouve ordinairement en cristaux isolés au milieu d'une espèce de granit appelée *pegmatite;* l'émeraude noble vient du Pérou, du Brésil, de la Nouvelle-Grenade; ce dernier pays avait exposé plusieurs échantillons d'émeraudes encore implantées dans la roche d'où on les extrait, et leur couleur verte, tranchant sur le fond noir de la pegmatite, faisait le plus bel effet. —

Quant aux *bérils* et aux *aigues-marines,* qui sont moins recherchés, on les trouve presque tous dans la Sibérie et au Brésil, souvent en très gros cristaux ; on en voyait quelques jolis échantillons à l'Exposition.

La *topaze* est une autre gemme, vitreuse, brillante, le plus fréquemment d'un beau jaune d'or ; quelquefois incolore, ou présentant une teinte soit rosée, soit bleuâtre. Elle se trouve dans les terrains les plus anciens, en Bohême, en Saxe, en Sibérie, dans l'Oural, les monts Altaï, le Kamtchatka. Au Brésil, d'où on les envoie en Europe toutes taillées, on les trouve roulées dans les ruisseaux et les torrents qui baignent les roches anciennes. L'Exposition en présentait un assez bon nombre ; quelques-unes atteignant de fort grandes dimensions.

La nombreuse famille des *grenats* se compose de pierres plus ou moins grosses, depuis la dimension la plus faible jusqu'à celle d'une noix ordinaire. Les grenats se trouvent en petits cristaux ou en masse compacte dans les terrains anciens, les schistes, les serpentines. Ils sont pour la plupart d'un rouge vif et vermeil ; quelquefois ils présentent des teintes rouge-sang, orangées, jaunâtres, verdâtres, même brun foncé, presque noir. Les grenats viennent les uns de l'Orient, les autres de l'Europe. —Ceux d'*Orient* viennent de l'Inde, de Ceylan, de la Syrie. Ils se distinguent en *hyacinthe*, de couleur jaune orangée ; en grenat *syrian* ou *syrien*, qui est violet : on les travaille principalement dans les vallées suisses du Jura. — Ceux d'*Europe* sont moins recherchés ; ils se tirent de Bohême, d'Espagne, du Tyrol et de la Hongrie. Chacun a pu admirer à l'Exposition les grenats envoyés par la *Bohême*, les uns bruts, les autres taillés et servant à décorer une foule d'objets ; leur couleur était un rouge vineux foncé, et pour leur donner plus d'éclat on avait eu soin dans les parures de placer au-dessous une feuille d'argent.

L'opale est encore une pierre précieuse des plus estimées, à cause de sa teinte blanche laiteuse et bleuâtre, présentant les reflets irisés les plus remarquables ; c'est de la *silice* pure et de l'eau. Les opales viennent des terrains anciens de la Hongrie, de la Saxe, des îles Féroé, de l'Islande. *L'opale noble* ou *orientale*, venant de l'Inde, de l'Arabie, de l'île de Chypre et de la Hongrie, offre des reflets irisés superbes, colorés en rouge, en vert ou en bleu. Les joyaux de la couronne comptaient plusieurs parures en opales d'une fort grande beauté; une de ces opales, servant d'agrafe de manteau, vaut à elle seule 37,000 francs. Des joaillers de France et de Hollande avaient aussi exposé des parures où l'on remarquait plusieurs opales fort belles.

La *turquoise* est une pierre précieuse très estimée, d'un beau bleu céleste, vitreuse, opaque; on la trouve en rognons ou en petites veines dans les argiles ferrugineuses de la contrée située entre Téhéran et Hérat, en Perse; il faut cependant ne pas confondre cette pierre précieuse, que l'on appelle *turquoise de vieille roche* ou *calaïte*, avec la *turquoise de nouvelle roche*, dents ou os de mammifères fossiles colorés chimiquement au sein de la terre: cette dernière espèce est sensiblement moins dure et moins chère que la vraie turquoise. On emploie maintenant beaucoup de turquoises en bijouterie; toutes les parures de ce genre appartenant à la couronne ont été fort admirées à l'Exposition.

L'*améthyste* ou *pierre d'évêque* n'est qu'un *quartz* (*silice* pure) coloré en violet; elle brille d'un éclat très vif, et est un des ornements principaux des évêques (chacun d'eux doit en effet porter une bague ornée d'une de ces gemmes.) Les plus belles viennent de la Perse, de l'Inde, de la Sibérie, du Brésil, des Asturies (Espagne), des environs de Vienne, de Saxe, d'Ecosse. Les lapidaires allemands et saxons, surtout ceux des trois villes *Anséatiques (Hambourg, Brême,* et *Lubeck),* avaient exposé plusieurs belles *géodes* (pierres naturellement creuses et renfermant des cristaux), incrustées intérieurement d'améthyste ; les habits sacerdotaux de Bruxelles étaient aussi décorés pour la plupart d'un grand nombre d'améthystes entremêlées aux ornements en or.

Le *lapis-lazuli* ou *lazulite* est un minéral bleu foncé, dont la couleur est très vive et très belle ; ordinairement le fond bleu de cette pierre est parsemé de paillettes, de taches ou de petites veines irrégulières de *fer sulfuré* d'une belle couleur jaune d'or. Le lapis-lazuli se polit parfaitement bien ; aussi s'emploie-t-il principalement en plaques minces dans les coffrets et autres objets de luxe, dans les broches et les bijoux, dans les mosaïques ; il sert à faire également le beau *bleu d'outremer,* qui valait autrefois 3,000 francs le kilogramme, et qui actuellement est remplacé presque complétement par le *bleu de cobalt.* Cette pierre, devenue rare maintenant, se trouve en blocs dans la petite Bouckharie, le Thibet, la Perse, la Chine, et aussi aux environs du lac Baïkal. Le lapis-lazuli a été une substance fort employée pour les objets riches de l'Exposition ; les bijoux de M. *Rudolphi,* en lapis-lazuli monté sur or, ont beaucoup attiré l'attention ; plusieurs pianos de prix présentaient des incrustations de cette substance, et les magnifiques mosaïques de Rome en offraient de fort beaux échantillons.

La *malachite* ou *vert de montagne,* est un *cuivre carbonaté* de couleur verte, ordinairement en masses mamelonnées, fibreuses intérieurement ; on le taille et on le polit facilement, et dans cet état il présente des rayons, des zones sinueuses ou circulaires, des nuances très variées d'un vert plus ou moins foncé. Cette substance, fort chère, est infiniment recherchée par les joaillers ; on la trouve en gros morceaux dans les mines du prince russe *Démidoff,* en Sibérie, et dans les monts Ourals. Comme le lapis-lazuli, on la voyait à l'Exposition incrustée dans des pianos, dans des broches et autres bijoux, sous forme de camées, et au milieu des mosaïques, où elle faisait un très bel effet. A l'exposition de Londres, en 1851, la Russie avait exposé des guéridons, des cheminées, des vases, une porte à double battant et autres objets de grande dimension, tout en malachite des monts Ourals.

Nous ne vous entretiendrons pas du *jade*, des *agates*, et de diverses autres pierres, précieuses à divers égards, mais qui ne figurent pas au même rang que les précédentes comme matériaux d'un haut prix et servant de parures. Ce que nous venons de dire suffit pour vous faire comprendre avec quelle variété et quel éclat la joaillerie s'est montrée à l'Exposition, et quelle étude intéressante on pouvait faire de quelques-unes des plus merveilleuses productions de Dieu, au milieu même des vaniteuses destinations que les hommes leur ont données.

III

Les lingots d'or de l'Australie.

L'Australie, cette nouvelle mais déjà puissante colonie anglaise, qui, bientôt sans doute, parvenue à une complète indépendance, deviendra le centre d'un monde nouveau d'Européens placés à nos antipodes, offrait aux regards une des expositions les plus originales qu'on pût rencontrer au Palais de l'Industrie. Sans parler de ses animaux étranges : l'oiseau à queue en forme de lyre, le kanguroo, l'ornithorynque, les dasyures, etc., on y remarquait avec intérêt une collection complète des magnifiques *laines mérinos*, qui sont la base principale de sa richesse actuelle ; une autre, de ses *bois de construction et d'ébénisterie*, la plupart encore inconnus en Europe, mais fort beaux et de dimensions si gigantesques, qu'on cite un *eucalyptus* qui n'aurait pas moins de 250 pieds de hauteur avec un tronc qui en compte au moins 30 de diamètre ; enfin, une collection complète de produits alimentaires et de vins des meilleurs crus d'Europe, transplantés et introduits avec un succès complet dans ce nouveau continent.

Mais la partie de l'exposition australienne qui attirait le plus les regards et les investigations de la foule, c'était la collection de lingots ou plutôt de minerais d'or mélangés de quartz, dont un, long de 3/4 de pieds environ, et provenant des mines de Ballarat, était estimé valoir 36,250 francs. Certaines parties semblaient de l'or absolument pur et du plus beau jaune ; d'autres avaient l'aspect d'une pierre jaunâtre. Du reste, la forme de tous ces lingots variait très sensiblement.

Généralement, les dépôts d'or les plus riches se trouvent dans les petites veines d'une argile bleue où le minerai est en apparence entièrement pur, et où il gît empâté par morceaux roulés ou rongés, du poids d'un quart d'once jusqu'à 2 ou 3 onces. Quelquefois il est enchâssé dans des cailloux ronds de quartz, substance qui paraît, ici comme en Californie, avoir été sa *gangue*, c'est-à-dire son enveloppe primitive. Les fragments qu'on en tire pèsent quelquefois de 7 à 8 onces et plus, valant de 7 à 800 francs.

On raconte des choses tout à fait étranges au sujet de la découverte de ces mines d'or. Ainsi on rapporte qu'un sauvage australien qui était au service d'un Anglais, voyant son maître serrer avec un soin particulier des pièces d'or, lui promit de lui apporter un gros morceau de pareille matière, en échange de quelques petits objets de toilette qu'il désirait fort, et lui apporta en effet un bloc d'or et de quartz valant plus de 100,000 francs. Un autre indigène noir indiqua aussi à son maître, le docteur Kerr, un énorme bloc de quartz d'environ 3 quintaux, que le docteur se décida à briser pour en tirer une quantité de lingots d'or pur, formant un total de 47 kilogrammes, valant 160,000 francs. Ajoutons que du moins le docteur Kerr ne fut pas ingrat envers l'Australien. Il lui fit don, ainsi qu'à son frère, de deux troupeaux de moutons, de deux chevaux de selle et d'une certaine quantité de rations de vivres. Il y joignit encore un attelage de bœufs pour défricher une portion de terrain, sur laquelle il les engagea à semer du maïs et des pommes de terre.

Dans les mines du *mont Ophir*, à l'ouest de Sidney et des montagnes Bleues, parmi les sables entraînés par les torrents qui descendent des montagnes, la production de l'or était d'abord presque aussi régulière que celle du froment dans un champ ensemencé. On recueillait les sables, on les lavait en les agitant fortement dans l'eau; les pépites ou morceaux d'or, beaucoup plus pesants que le sable, gagnaient le fond du vase, où on les trouvait réunis après avoir versé le sable et l'eau. Trois hommes en trois jours y recueillirent jusqu'à 10 livres d'or! (12,789 fr.)

Dans la province de Victoria, à 30 lieues de la ville de Melbourne et de Port-Philippe, on a aussi trouvé des quantités considérables d'or à la surface du sol dans le district du *mont Alexandre*. Il y a des exemples de 50 livres ramassées en quelques heures de travail. Ailleurs, quatre colons, venus en amateurs ramassèrent 150 livres (187,000 francs) entre le déjeûner et le dîner. Maintenant le travail des mines est beaucoup plus difficile, et ce n'est qu'en creusant à d'assez grandes profondeurs qu'on peut recueillir de la poudre d'or.

A la première nouvelle de découvertes aussi

extraordinaires, tout le monde à Sidney accourut aux mines. Les constructions furent toutes interrompues, les troupeaux de mérinos abandonnés à la dent des chiens sauvages de l'Australie; les cloches se turent faute de sonneurs. Magistrats, négociants, journalistes, ouvriers, cochers, garçons de ferme, bergers, voleurs, se trouvaient côte à côte et travaillaient ensemble; tous les rangs étaient confondus, tout était subordonné à cette insatiable soif de l'or, jusqu'à ce que bientôt les maladies, la faim, le découragement ramenèrent la plupart de ces malheureux, amaigris et détrompés, à leurs anciens travaux.

Plus grande encore fut la fièvre qui s'empara des habitants de Melbourne, de Geelong et du voisinage, lorsqu'on apprit les riches découvertes faites au mont Alexandre. Chacun abandonnait femme et enfants; les écoles se fermèrent faute de maîtres; les vaisseaux en rade furent abandonnés par leurs équipages, marins et officiers; le gouverneur de la province était obligé de panser lui-même son cheval; enfin, les femmes, demeurées absolument seules, durent s'entendre et se grouper pour la défense des maisons.

Cette découverte des mines d'or a donc été pour les colonies naissantes de l'Australie une crise redoutable. Peu à peu la population s'est calmée ; la plupart des gens ont repris leurs précédentes occupations, après avoir appris à leurs dépens qu'elles valaient infiniment mieux que les gains tout à fait hasardeux et passagers des mines. Mais en attirant dans le pays une foule d'aventuriers corrompus et de moeurs violentes, de Chinois avides et idolâtres, les mines d'or ont introduit, dans une société déjà assez mauvaise, des éléments extrêmement funestes, et dont la fâcheuse influence n'a pas tardé à se faire sentir. Il est juste de dire que du moins les chrétiens de la Grande-Bretagne se sont imposé la tâche de combattre le mal par le moyen de l'instruction et de la prédication de l'Evangile, en sorte que les Chinois eux-mêmes commencent à être les objets de soins assidus et dont on peut espérer de bons effets. Néanmoins, il est bien à craindre que la soif des richesses et des jouissances matérielles, déchaînée sur cette société naissante par la découverte de ces divers gisements d'or, ne cause à la civilisation australienne un mal peut-être irréparable. Les peuples les plus prospères et les plus heureux ne sont pas ceux qui se procurent le plus facilement de l'or et de l'argent, mais ceux qui par leur moralité, par un travail actif et par une intelligente industrie, savent mettre en œuvre et utiliser toutes les matières diverses que la bonté de Dieu a créées pour le bien de l'homme. Jamais l'Espagne ne fut aussi pauvre que depuis qu'elle fut mise en possession des riches mines du Pérou et du Mexique. Les Etas-Unis trouvent dans leur houille, leur fer, leur cuivre et surtout dans leur active industrie, des sources de prospérité mille fois plus grandes que l'Amérique du Sud dans ses filons de métaux précieux, qui encouragent la paresse et paralysent tout autre genre d'activité ; et quant à notre Europe, on peut dire que la supériorité qu'elle a acquise sur le globe, est due en bonne partie à la nécessité de compenser par le travail et l'exploitation intelligente des métaux utiles l'absence des riches gisements d'or ou d'argent accordés à d'autres continents.

IV

Les pierres tombées du ciel.

L'Exposition ne présentait pas seulement des produits de l'industrie et des arts, on y avait aussi introduit un certain nombre de curiosités naturelles, qui attiraient vivement l'attention des visiteurs. Nous y avons, par exemple, remarqué deux gros *aérolithes* (ou *météorites* ou *bolides*), c'est-à-dire deux pierres réellement tombées du ciel, et qui m'ont rappelé l'un des phénomènes les plus étranges dont notre terre puisse être le théâtre. L'une de ces pierres, tombée dans le Canada en octobre 1854, ne pèse pas moins de 161 kilogrammes; c'est un bloc énorme qui ne semble composé que de fer, mais qui contient cependant aussi un autre métal rare appelé *nickel*. L'autre, tombée le 5 juin 1821, près de Privas (Ardèche), et exposée par le Muséum d'histoire naturelle, pèse 92 kilogrammes.

Que sont ces pierres et quelle en peut être l'origine? Là-dessus les savants sont encore partagés; mais on a du moins étudié avec soin les phénomènes au milieu desquels ces chutes de pierres se produisent. Des faits de cette nature sont connus des hommes de tous les pays dès la plus haute antiquité. L'histoire parle d'une pluie de pierres qui, lors de la conquête du pays de Canaan par Josué, détruisit en partie l'armée ennemie; d'une autre qui tomba près de Rome, sous le règne de Tullus-Hostilius, etc. Plutarque, dans la Vie de Lysandre, décrit une pierre qui tomba dans l'Hellespont, à Ægos Potamos. Cybèle était adorée en Galatie sous la forme d'une pierre venue du ciel; à Emèse, en Syrie, le soleil était aussi adoré sous la figure d'une pierre de semblable origine : elles furent plus tard transportées à Rome en grande pompe. Dans le moyen âge, des faits de ce genre furent aussi bien souvent observés. Néanmoins, jusqu'au commencement de notre siècle, les savants refusaient de croire à l'existence d'un phénomène qu'ils ne pouvaient expliquer, lorsque, le 26 avril 1803, une pluie de pierres vint à tomber, précisément en plein jour, sur la petite ville de Laigle, en Normandie. L'autorité locale dressa procès-verbal de l'événement ; il n'y avait point à nier son authenticité ; l'Institut de France nomma un commissaire qui se rendit aussitôt sur les lieux, ramassa lui-même un grand nombre de pierres plus ou moins enfoncées dans la terre, toutes semblables les unes aux autres par leur composition, et faciles à distinguer des pierres ordinaires. Il constata aussi les dégâts causés par la chute de ces pierres. Son rapport ne laissa donc plus subsister aucun doute. Les souvenirs des observations de ce genre faites dans les temps antérieurs furent recueillis avec soin, et actuellement le nombre des aérolithes connus est de 339.

La chute des pierres est accompagnée de météores lumineux. Durant la nuit, le météore traverse l'air, comme une masse enflammée, en laissant derrière lui une traînée lumineuse semblable à la queue d'une comète. Durant le jour, son éclat paraît naturellement bien moindre. Après avoir couru un certain temps avec vitesse, il éclate ordinairement à plusieurs reprises, avec grand bruit, et, à la suite de cette explosion, les masses pierreuses commencent à tomber. Tantôt on en trouve une seule, tantôt un grand nombre. A Laigle, on en ramassa plus de 2,000 sur un espace de deux lieues et demie, au-dessus duquel le météoré avait passé avec des détonations semblables à celles de l'artillerie. Les pierres météoriques arrivent brûlantes à la surface de la terre, et dégagent souvent des vapeurs sulfureuses au moment de leur chute. Leur forme est irrégulière et pleine d'aspérités. Elles sont noires à l'extérieur, mais leur cassure est d'une couleur grisâtre, d'un aspect terreux. Elles renferment une proportion de fer très considérable, toujours allié à du nickel; on y trouve aussi fréquemment du soufre. Aucune des pierres qui appartiennent en propre à notre globe ne ressemble, pour sa composition, aux aérolithes, et, d'un autre côté, ceux-ci, quels que soient l'époque et le pays où ils sont tombés, présentent constamment entre eux un rapport si frappant qu'on pourrait presque les regarder comme ayant tous été cassés au même rocher.

Le poids de ces pierres varie de quelques grammes jusqu'à plusieurs centaines de kilogrammes. La grande masse de fer observée

par le voyageur Pallas dans les plaines de la
Sibérie, et qui était tenue en vénération par
les Tartares, comme tombée autrefois du ciel,
pesait 1400 livres; elle était presque entièrement composée de fer malléable, et conte-
nait dans l'intérieur un peu d'*olivine*, substance
vitreuse de couleur verdâtre et actuellement
d'origine volcanique. Au Brésil, une masse de
fer mélangé de nickel ne pèse pas moins de
6,000 kilogrammes. On ne possède cependant
qu'un seul aérolithe d'une origine céleste bien
constatée et qui ne contienne que du fer : il
tomba à Agram, en Dalmatie, le 26 mai 1751.

D'où viennent toutes ces masses? comment
s'en expliquer l'origine? Un grand mathéma-
ticien et savant de premier ordre, Laplace,
les supposait lancées jusqu'à nous par les *vol-
cans de la lune;* cette explication a été peu
goûtée. D'autres pensent, et c'est l'opinion la
plus généralement admise aujourd'hui, que
les pierres météoriques sont des fragments,
des débris de petites planètes, qui, circulant
irrégulièrement dans l'espace, et se laissant
engager dans la *sphère d'attraction* de notre
globe, sont entraînées vers lui et y tombent.
Dans ce mode d'explication, on rattacherait

au phénomène des aérolithes celui des *étoiles filantes*, météores lumineux qui se produisent fréquemment et avec une si énorme rapidité dans les parties supérieures de l'atmosphère. Ce sont, pense-t-on, des aérolithes qui, dans leur course, entrent un instant dans l'atmosphère attractive qui entoure notre globe, et s'en dégagent bientôt; ils s'enflamment par le frottement de l'air, et s'éteignent dès qu'ils sortent de nos régions atmosphériques. Peut-être trouverez-vous, comme moi, mes chers amis, qu'au milieu de tant d'incertitudes et de difficultés, le plus sage serait de savoir dire simplement : *Nous ne savons pas.* Mais, hélas! il est rare que l'orgueil laisse dire cela, non pas seulement aux grands savants, mais aussi et surtout à ceux à qui de toute manière il conviendrait infiniment mieux d'être plus modestes.

V

Une statue de saint Jean-Baptiste.

La grande salle du Palais de l'Industrie renfermait un nombre considérable de statues en bronze, en zinc doré ou bronzé, et en fer fondu, toutes remarquables, à des titres divers, surtout par l'habileté de l'exécution; mais aucune n'a autant captivé mon intérêt qu'une statue de saint Jean-Baptiste en fer fondu, l'une des plus belles pièces qui soient sorties des ateliers de la maison Calla, à laquelle on doit pour ainsi dire, la création en France de ce genre assez nouveau de la fonte en fer de grands objets d'art. C'est qu'une histoire des plus touchantes (racontée par M. Audiganne dans le *Moniteur*), se rattachait dans mes souvenirs à la vue de cette figure, et m'y intéressait involontairement.

Cette statue est due à un sentiment de tendresse maternelle. Elle était destinée à conserver la mémoire d'un fils unique, mort déplorablement. Ce jeune homme, que rongeait un chagrin profond, avait été pour ainsi dire contraint par sa famille, d'entreprendre un voyage en Italie, dans l'espoir que les grands spectacles de la nature et des arts distrairaient son imagination troublée. Mais tout à coup, vaincu par la douleur, la tête déjà bouleversée, il interrompit son voyage et s'arrêta dans une bourgade des montagnes du Forez sous prétexte de s'y reposer.

Le voyageur inconnu, dont l'arrivée était un événement dans un village où les étrangers ne s'arrêtent pas d'habitude, fut retrouvé le lendemain matin au coin d'un champ de blé baigné dans son sang. Après une nuit tourmentée, pendant laquelle on l'avait entendu marcher et parler avec une extrême agitation, il était sorti dès l'aube du jour, le cerveau en délire, avec un pistolet dans sa poche. On devine le reste. Quand on le releva, il respirait encore. Fidèles à leurs traditions hospitalières, les habitants de ces montagnes, dont les âmes simples, résignées et fortes, auraient eu peine auparavant à croire à la possibilité d'un suicide, recueillirent le mourant et l'entourérent de soins vigilants mais inutiles. Accourue pour recevoir son dernier soupir, la mère de cet infortuné promit de faire bâtir sur la place du village une fontaine surmontée de la statue de saint Jean-Baptiste, patron de son fils. La statue fut exécutée, c'est celle que nous avons vue; mais, hélas! la mère a déjà rejoint son fils dans la tombe, emportant une promesse qui n'était écrite que dans son âme, et la fontaine ne sera pas construite.

Le fer, ce métal dont les propriétés sont si précieuses et les usages si nombreux, ne se rencontre nulle part, pour ainsi dire, à l'état de pureté dans la nature, et les préparations qu'il doit subir avant d'entrer dans le commerce, sont extrêmement diverses et compliquées. D'abord, il faut concasser ou broyer le minerai, le laver, afin de le séparer des schistes qui peuvent s'y trouver mêlés; puis le griller, afin de faire partir l'arsenic et le soufre qu'il pourrait contenir. Après cela il s'agit de fondre le minerai, ce qui peut se faire d'après deux méthodes. L'une, plus ancienne, connue sous le nom de *méthode catalane*, et qui ne s'applique qu'aux minerais très riches, consiste à mélanger le minerai avec du charbon de bois, dans un fourneau où le charbon est brûlé à l'aide d'un courant d'air forcé, en laissant pour résultat une masse qui, soumise à l'action du marteau, donne du fer d'excellente qualité.

L'autre méthode consiste dans l'emploi des *hauts-fourneaux*, qui procurent une chaleur beaucoup plus intense, et dans l'usage des *fondants* (argile ou craie), pour faciliter la fusion. Le minerai et les fondants sont placés en couches alternatives avec du charbon de bois, du coke, ou même de la houille. Une combustion active du charbon est entretenue au moyen d'un violent courant d'air lancé à la partie inférieure du fourneau par de puissants soufflets, et le résultat de l'opération est de faire couler dans le creuset placé au bas du fourneau, un métal qui n'est pas du fer, comme dans la méthode catalane, mais une combinaison de fer et de charbon qu'on appelle *la fonte*. C'est de ce métal qu'on tire ensuite le fer proprement dit, en le chauffant de nouveau afin de le débarrasser du charbon qui s'y trouve encore mêlé.

La *fonte* joue dans l'industrie un rôle considérable, tout à fait différent de celui du fer.

Moins résistante que lui, point malléable, mais se fondant beaucoup plus facilement, elle se prête, par cette fusibilité même, à toute espèce de moulages, et c'est par là, surtout, qu'elle rend de grands services depuis un certain nombre d'années. Quand le creuset qui est à la partie inférieure du haut-fourneau, est complétement plein et qu'on le débouche, la fonte, qui coule au dehors, est dirigée vers des moules en sable, autour desquels elle se dépose,.se coagule en durcissant, et donne d'un seul jet tantôt des marmites, des boulets et des bombes, tantôt des pièces de très grandes dimensions, telles que des statues, des bassins de fontaines, et bien d'autres pièces monumentales dans le genre de celles qu'on voyait en si grand nombre à l'Exposition. De nos jours, le commerce de la fonte moulée tend à prendre un développement de plus en plus considérable; car on substitue toujours davantage le fer au bois, dans les constructions et dans une foule d'autres usages de l'agriculture et de l'industrie. On construit des maisons en fer, des ponts en fer, des vaisseaux en fer, des chemins en fer, sans parler des innombrables machines et ou-

tils pour lesquels on utilise de plus en plus
ce précieux métal, mille fois plus avantageux
à l'homme que l'or, l'argent et les plus ravis-
santes pierres précieuses.

VI

Un canif à deux cents lames.

Au nombre des produits remarquables du Wurtemberg, ce petit royaume allemand dont l'Exposition semblait un des types les plus complets qui figurassent au Palais de l'Industrie, se trouvait un canif à 200 lames, devant lequel chacun s'arrêtait avec étonnement. On se demandait à quoi pouvait servir réellement une pareille accumulation d'instruments tranchants de cette nature, dont nous n'avons pour ainsi dire plus besoin depuis l'invention des plumes métalliques, et force était bien de supposer que le fabricant avait plutôt voulu faire un tour de force qu'un objet vraiment utile et susceptible de trouver des acheteurs. La vue de ce canif nous donna du moins le désir de nous enquérir des procédés et des produits principaux de la coutellerie, et voici en résumé ce que nous apprîmes sur ce sujet.

La fabrication des lames de couteaux, canifs, rasoirs, ciseaux, etc., se compose de cinq
opérations successives, dont voici les principales : le *forgeage,* qui se fait presque toujours
à la main, en étirant les barres d'acier sur des
enclumes spéciales; le *limage,* qui a pour objet
de dégrossir les pièces à la lime, après qu'on
les a préalablement recuites, afin d'adoucir l'a-
cier; la *trempe,* qui consiste à les plonger dans
l'eau pure ou dans un bain composé d'huile et
de suif, après avoir auparavant élevé leur température au rouge-cerise; elles subissent encore après cela un recuit qui les amène au degré de dureté qu'on veut obtenir ; *l'émoulage,*
qui se fait au moyen de meules en grès tour-
nant avec une grande vitesse, et qui donne aux
lames leur forme définitive; enfin, *l'aiguisage*
et le *polissage* qui s'opèrent au moyen de *lapidaires,* instruments ordinairement recouverts
d'une peau enduite d'un mélange de corps gras
et de poudres dures, et sur lesquels les lames
sont frottées avec soin.

Il reste ensuite à faire les manches, pour
lesquels le coutelier emploie la corne de bœuf,
de mouton, de bouc, d'élan et de cerf; l'ébène,
le bois de rose, le buis, l'olivier, la baleine, l'é-

caille, la nacre, l'os, etc. La coutellerie anglaise de Scheffield et de Birmingham est renommée entre toutes; celle de Liége, de Namur et de Bruxelles a aussi divers genres de mérite, de même que celle d'Allemagne; celle de France se concentre dans un certain nombre de groupes principaux.

La fabrique de *Nogent* (Haute-Marne), centre de la coutellerie dite de Langres, fait de tous les articles et est incontestablement la première de France pour l'élégance des formes, le fini du travail et la modicité des prix. Elle rivalise avec celle de Scheffield pour la bonté de la trempe, et l'emporte pour la variété des modèles et la grâce des formes. Couteaux de bouchers, de cuisine, de table, serpettes, canifs, rasoirs, ciseaux, instruments de chirurgie, Nogent a de tout et dans le meilleur goût. — *Thiers* (Puy-de-Dôme), ne fait que de la coutellerie commune de toutes formes et à bon marché; ses montures sont en ivoire, en nacre, en os, en corne, et on les regarde comme les meilleures en raison de leur prix. Ses rasoirs, de qualité passable, sont à plus bas prix que partout ailleurs. — *Châtelleraut* (Vienne) est une fabrique moins importante

que les deux précédentes ; les couteaux de
cuisine et de table sont ses principaux articles.
— La *coutellerie parisienne* s'occupe particulièrement de la fabrication des objets de com-
mande et de luxe. Elle fabrique peu mais bien,
et tire généralement ses lames des grandes
manufactures ; mais elle les monte avec habileté, avec goût et l'emporte en élégance sur
toutes les fabriques. Quelques-uns de ses couteaux de dessert en argent, en vermeil, en
émail, sont de véritables morceaux d'art. Ses
instruments de chirurgie, surtout ceux de
M. Charrière, ont une réputation universelle,
et rendent d'éminents services pour le soula-
gement de l'humanité souffrante.

VII

Les porcelaines.

Les porcelaines formaient incontestablement l'une des parties les plus brillantes de l'Exposition de 1855. Celles de la manufacture impériale de Sèvres principalement, étaient d'une magnificence, d'une dimension et d'un fini de nature à enlever tous les suffrages, aussi bien des étrangers que des nationaux. Figurez-vous, en effet, des vases à peu près de la hauteur d'un homme, aux formes élancées et élégantes, tout couverts d'ornements délicatement sculptés et de peintures d'une finesse et d'une richesse de couleurs admirables et coûtant, quelques-uns, bien plus de cent mille francs la paire! Ajoutez à cela de vrais tableaux de grandeur ordinaire, peints sur porcelaine, et présentant un éclat et une vivacité de couleurs particulière, et vous n'aurez encore qu'une idée bien imparfaite des splendeurs qu'offrait l'exposition de cet établissement, unique en Europe par les sacrifices de tout genre faits en sa faveur et par l'habileté de ses artistes.

Dans les porcelaines plus ordinaires, nous avons remarqué des vases fort beaux par les nuances, par les formes gracieuses et par les dorures; mais ce qui nous a le plus captivé, ce sont les plats et autres vases par lesquels M. *Avisseau* de Tours, a tenté de remettre à la mode le genre inauguré au seizième siècle par le célèbre et infortuné *Bernard Palissy*, et qui présente dans le fond et sur le bord des vases, toutes sortes de plantes et d'animaux en relief. L'imitation est si parfaite, les couleurs si vraies, les poses si naturelles, que vous n'osez presque avancer votre main vers ces lézards, ces serpents, ces grenouilles, qui courent au milieu des plantes aquatiques, et qui semblent prêts à s'élancer contre vous. Ce genre de porcelaine ne deviendra sans doute jamais populaire, mais il est certainement fort intéressant et curieux.

La porcelaine est une poterie fine, dure, transparente, susceptible d'être recouverte d'un vernis ou *émail* brillant. On la distingue d'une manière générale en *porcelaine dure* et en *porcelaine tendre*. La première a pour base essentielle le *kaolin*, terre argileuse blanche, friable et infusible, résultat de la décomposition du *feldspath* des roches granitiques (le feldspath est avec le *quartz* et le *mica* un des trois éléments constitutifs du *granit* ordinaire), et le *pétunzé* ou feldspath pur, de couleur blanchâtre, qui est fusible à une très haute température. La fabrication de la porcelaine se compose d'une série d'opérations qui exigent beaucoup de soins de la part des ouvriers. On réduit d'abord les matières ci-dessus indiquées en une pâte bien homogène, qu'on bat et qu'on laisse ensuite reposer assez longtemps dans des fosses ou cuves couvertes. Cette pâte, après avoir été de nouveau pétrie par les ouvriers, est façonnée en vases sur le tour ou par le moulage. Les pièces finies et séchées reçoivent ensuite une première cuisson; elles forment alors ce qu'on appelle *biscuit*. Ordinairement on les recouvre ensuite d'un vernis dont le feldspath forme la base; après quoi ils subissent une seconde et dernière cuisson de 30 à 36 heures, pendant laquelle la moindre négligence peut déterminer des accidents ou des défectuosités graves, ce qui explique en partie le prix élevé des belles porcelaines. Si les vases doivent être peints, on applique les couleurs avec le pinceau, soit sur la couverte, soit sur la pâte, et on recuit de nouveau, ce qui exige des soins très minutieux.

La *porcelaine tendre* diffère de la précédente, par sa pâte plus abondante en feldspath, et par conséquent bien plus fusible, ainsi que par son émail, dans lequel il entre du *minium* ou oxyde de plomb.

La porcelaine était connue en Chine et au Japon de temps immémorial, lorsque, vers la fin du quinzième siècle, les Portugais l'importèrent en Europe. On ne fabriqua d'abord dans l'Occident, que de la porcelaine tendre. En 1710, on découvrit le kaolin en Saxe, et l'on fabriqua à Meissen, la première vraie porcelaine ou *porcelaine dure* qu'on appelle encore actuellement le *vieux Saxe*. En 1768, la découverte de gisements considérables. de kaolin à *Saint-Yrieix*, près de Limoges, permit d'entreprendre en France, à la *manufacture de Sèvres*, la fabrication de la *porcelaine dure*, et bientôt les produits de cet établissement atteignirent une perfection qui n'a pu être surpassée.

Le plus beau kaolin connu en Europe, est celui recueilli par M. *Pouyat* dans un banc qui est sa propriété particulière près de Saint-Yrieix, dans la Haute-Vienne. Il est impossible de rien voir de plus pur et de plus blanc, même avant toute préparation.

C'est dans le Limousin que se trouvent nos plus grandes manufactures de porcelaines, à Limoges, à Saint-Yrieix, à Saint-Léonard, localités qui ne donnent pas seulement du kaolin, mais encore de très belles *terres* à poteries fines. Généralement, la Haute-Vienne envoie à Paris des porcelaines blanches ; c'est dans la capitale et dans la banlieue qu'on les dore, les brunit et les peint, qu'on leur fait subir enfin la nouvelle cuisson, indispensable pour donner aux dorures et aux peintures la solidité nécessaire. Si ce sont des hommes qui dorent et cuisent, il y a beaucoup de jeunes filles qui sont occupées au travail du *brunissage* (ou du polissage), beaucoup de dames employées à peindre les vases, les urnes, les médaillons.

La France n'était pas seule à exposer des

porcelaines. La Prusse, la Saxe, l'Autriche, l'Angleterre, la Toscane présentaient aussi en ce genre de fort beaux spécimens de leur industrie.

VIII

La foule s'arrêtait étonnée, à la dernière Exposition, vis-à-vis d'un lion en verre filé de grandeur naturelle, et dont les formes heureusement saisies, faisaient comprendre la puissance et la force de ce roi des animaux. La crinière et les poils, tous en verre filé, imitaient si bien la nature ; le port, l'attitude, la couleur étaient si fidèlement représentés, qu'on aurait cru voir un lion vivant, ou tout au moins un lion parfaitement empaillé et revêtu d'une peau naturelle. Il foulait aux pieds un boa, et, victorieux dans sa lutte avec ce reptile, il semblait regarder la foule avec satisfaction. Chacun admirait cette merveille d'art et de patience, et s'enquérait volontiers des secrets de cette fabrication du verre et des cristaux, dont l'Exposition présentait encore une foule de spécimens admirables ou étonnants.

Les matières premières qui entrent dans la composition des différentes sortes de verre se combinent dans des proportions diverses, mais elles sont généralement toujours les mêmes. Ce sont des *sables siliceux*, de la *potasse* ou de la *soude*, et de la *chaux* ou du *minium*, qui, combinés et fondus ensemble à l'aide d'une chaleur très considérable, donnent pour produit une masse transparente, dure, cassante, sonore, qui ne se dissout ni dans l'eau ni dans les acides, c'est le *verre*. D'après le célèbre naturaliste romain, Pline, la découverte du verre serait due à des voyageurs phéniciens, qui, s'étant servis de blocs de *natron* (sel de soude qu'ils rapportaient des lacs de la Basse-Egypte, sur les bords desquels on le trouve en abondance), pour construire sur le sable un foyer dans lequel ils firent un très grand feu, produisirent par hasard du verre, par la fusion du sable mêlé au natron. La chose est possible, mais nous attribuerions cependant plus volontiers l'origine de cette substance à l'Egypte, qui paraît l'avoir connue de très bonne heure, et nous en a laissé une foule de très anciens et très beaux échantillons, blancs et colorés. Quoi qu'il en soit, au reste, de cette origine, les verreries de Sidon et d'Alexandrie furent célèbres dans l'antiquité. Les Grecs connurent aussi la fabrication du verre, sans avoir fait de cette matière un usage très étendu. Le verre à vitre ne fut employé à Rome que vers le milieu du troisième siècle, et un long temps s'écoula avant que cette nouvelle industrie se répandît dans le Nord, qui éprouvait cependant un besoin bien plus vif de ce genre de produits. Les premiers édifices fermés de vitres enchâssées furent les églises de Brioude et de Tours, vers la fin du sixième siècle. Au moyen âge, Venise se distingua par ses verreries, et c'est là qu'on fabriqua les premières grandes glaces. A cette même époque, cette fabrication s'introduisit aussi en Bohême, et y acquit, grâce à l'extrême pureté des matières premières qu'on rencontre en abondance dans ce pays, une supériorité et une réputation qui se sont maintenues jusqu'à nos jours. Sous Louis XIV, de grandes verreries s'établirent en France par les soins de Colbert. En 1688, Abram Thévart inventa l'art de *couler* les glaces de très grandes dimensions, et fonda à Paris le grand établissement qui, transféré plus tard à *Saint-Gobain*, près la Fère, est devenu la première manufacture de glaces de l'Europe, celle dont les produits ont obtenu les grandes médailles à l'Exposition.

On distingue trois espèces principales de verre : le *verre commun*, dont on fait surtout les bouteilles ; le *verre blanc* ou verre à vitres et à glaces ; et le *cristal ordinaire* ou *de Bohême*, avec lequel sont faits les vases à boire, les flacons, les vases d'ornement blanc ou colorés, etc. A cette division se rattachent le *crown-glass* et le *flint-glass* pour lunettes astronomiques et autres instruments de ce genre, et le *strass* avec lequel on imite d'une manière étonnante le diamant et les pierres précieuses, industrie qui, à Paris, donne chaque année des produits considérables s'élevant à près de sept millions.

Les différentes espèces de verre se fabriquent toutes de la même manière : on réduit en poudre fine et on mêle les matériaux qui doivent le composer, puis le mélange est soumis à l'action d'un feu intense dans des creusets d'une argile très réfractaire. Lorsque la masse est parfaitement fondue, on en prend à l'extrémité d'un tube en fer une certaine quantité que l'on souffle, à peu près comme les enfants forment des bulles de savon. Le verre ainsi soufflé est placé dans des moules et reçoit diverses façons tandis qu'il est encore chaud; on en fait des bouteilles, des verres, ou bien on le coupe et on l'étend sur des plaques de métal pour en former des vitres, des glaces de dimension ordinaire, etc. La fonte du verre se fait ordinairement au bois; cependant, pour la fabrication des verres à bouteilles, on peut se servir de la houille.

On taille et on polit le verre au moyen de roues et de meules; on dégrossit d'abord les pièces avec une roue de fer et du sable mouillé; on se sert ensuite de meules dures et fines; enfin, on donne le poli avec une roue en bois et diverses matières telles que la *pierre-ponce*, etc. Pour avoir des verres de couleur, on mêle et fond dans la pâte de très petites quantités d'*oxydes métalliques* de diverses natures. Si l'on ne veut que peindre sur verre, on dépose sur l'objet, au moyen d'un pinceau, des couleurs fusibles et mêlées avec des *fondants*, et les verres ainsi peints sont soumis à la cuisson dans un fourneau où ils s'amollissent sans se fondre. Cette industrie de la peinture sur verre, qui fut en si grand honneur au moyen âge, ne s'est pas encore complétement relevée de nos jours du long oubli dans lequel elle était tombée, et les vitraux modernes demeurent toujours inférieurs à divers égards.

Tous les verres, lorsqu'ils sont ramollis par la chaleur, peuvent se tirer en fils aussi fins que ceux d'un cocon de ver à soie, au point qu'on a pu en faire jusqu'à des étoffes et mille petits objets délicats; c'est avec ces fils qu'étaient faits les poils et les crins du lion dont nous avons parlé en commençant.

La *cristallerie*, qui ne compte en France que cinq ou six ateliers de fabrication : Baccarat (Meurthe), Saint-Louis (Moselle), Clichy près Paris, la Guillotière près Lyon, etc., est une industrie qui nous est venue d'Angleterre depuis le commencement de ce siècle. On ne connaissait jadis que le *cristal de roche* (*quartz* pur et cristallisé), produit minéral naturel qui n'existe qu'en petite quantité en Europe, principalement sur les hautes montagnes, et dont la taille est difficile et coûteuse. Aujourd'hui les cristaux artificiels le surpassent presque en limpidité et en blancheur, et on peut les mouler de manière à leur faire représenter les ornements les plus variés. La cristallerie de *Baccarat*, souvent citée comme un établissement modèle, avait exposé, outre une foule de vases, d'urnes, de coupes, de verres de toutes nuances et de toutes formes, deux gigantesques candélabres ou lustres reposant sur un pied en cristal comme tout le reste, et s'élevant à plus de 5 mètres de haut. La tige ressemblait à un tronc d'arbre d'où s'échappent des feuilles, et, plus haut, une réunion de branches portant des bougies en nombre considérable, présentait une circonférence de plus de 5 mètres; tout au-dessus, l'arbre se terminait par un assemblage de panaches de cristal retombant de tous côtés. Quand les bougies seront allumées et refléteront leurs clartés sur les mille prismes répandus confusément autour d'elles, l'ensemble devra produire un effet prodigieux. Un autre candélabre de même taille et d'origine anglaise offrait un aspect encore plus grandiose et saisissant, et semblait fait pour éclairer les discussions sérieuses d'une grande assemblée délibérante.

La belle industrie des *glaces* ne compte pas non plus beaucoup d'établissements en France. Elle présente des difficultés très grandes et exige des capitaux considérables. Depuis que *Abram Thévart* découvrit les moyens de couler la matière en fusion au lieu de la souffler comme on souffle le verre, l'industrie des glaces s'est divisée en deux branches : celle des glaces *soufflées* d'après les anciens procédés et celle des glaces *coulées*. Les produits de la première ne sont plus très nombreux, et n'atteignent que de faibles dimensions; car elles trouvent leur limite dans la force même de l'homme qui doit lever et souffler la matière tant que le verre est susceptible de s'étendre, tandis que les glaces coulées atteignent des dimensions colossales et se vendent à des prix très élevés. Chacune des trois grandes glaceries françaises, *Saint-Gobain*, *Saint-Quirin* et *Cirey* (associées entre elles), et *Montluçon* avait exposé de magnifiques spécimens, dans la grande salle du Palais de l'Industrie ; mais la glace de Saint-Gobain l'emportait sur toutes les autres en étendue et en perfection : elle ne comptait pas moins de 18 *mètres* 04 *centimètres* de surface carrée, et jamais plateau de verre d'une telle pureté n'était sorti d'un atelier. Elle n'était du reste pas *étamée*, et ne formait pas encore un miroir. — Saint-Quirin et Cirey en exposaient une magnifique de 13 *mètres* 37 *centimètres* ; Montluçon deux fort belles, dont une de 14 *mètres* de surface. — D'autres glaces de grande dimension venues de l'étranger, l'une de Floreffe près Namur (Belgique), et l'autre d'Aix-la-Chapelle (Prusse), présentaient de légères défectuosités; car dans les opérations compliquées de la fusion, de la coulée des matières incandescentes sur les tables en cuivre ou en fonte, du transport des glaces au four, du polissage, sans parler de l'étamage, qui est une opération tout à fait secondaire, il est bien facile que quelque bulle d'air, quelque légère tache, quelque fil viennent altérer la pureté et la limpidité du cristal.

IX

Une pipe de douze cents francs.

La passion du tabac s'étend et se généralise
de plus en plus ; elle envahit toutes les clas-
ses, et atteint même les enfants. Chaque année
cette habitude tyrannique et désagréable, en-
gloutit des sommes considérables, quelque
chose comme 150 millions de francs, c'est-à-
dire bien plus qu'il ne faudrait pour donner
du travail et un peu de bien-être à tous les
pauvres qui existent sur la surface de l'empire
français.

Et encore ne parlons-nous ici que du tabac
vendu par les bureaux du gouvernement. Que
serait-ce si nous pouvions compter la valeur
de tout ce qui est introduit en fraude dans les
pays frontières ? si nous calculions les sommes
employées en tabatières, bourses ou boîtes à
tabac, porte-cigares, pipes de prix, etc ?...
L'homme qui ne se fait pas scrupule d'employer

chaque année quelques centaines de francs à la plus improductive des consommations, tandis qu'autour de lui des multitudes de pauvres crient la faim, et que les sociétés philanthropiques et chrétiennes sont arrêtées par le manque de fonds, ne se fera pour l'ordinaire pas plus de scrupules à mettre de grosses sommes à l'achat de ces divers objets en rapport avec sa passion favorite. Voici, par exemple, parmi les objets divers exposés par la ville de Vienne, capitale de l'Autriche, une vaste collection de pipes de 1,200, de 1,000, de 800, de 500, de 100, de 60 francs. Leur nombre considérable prouve qu'elles sont l'objet d'un actif commerce, et en effet nous savons que chez les peuples grands fumeurs le luxe des pipes est poussé à un degré inouï. Ces objets, quelle qu'en fût la cherté, ne peuvent cependant être mis en comparaison avec une gigantesque pipe d'écume que nous avons vue exposée à Paris, place de la Bourse, et qui est mise en vente au prix de 2,000 francs. Elle est montée en or, avec une petite statue en argent sur le couvercle, et elle est ornée sur le devant d'une sculpture en relief, admirablement exécutée, et représentant le beau tableau de David : *les*

Femmes romaines séparant les guerriers Romains et Sabins. C'est un travail extrêmement remarquable, quoiqu'on regrette de voir l'art ainsi employé.

On fait des pipes en terre, en racine, en porcelaine, en écume de mer pour plusieurs millions par an. La simple pipe de l'ouvrier est devenue un objet de commerce des plus importants. A Saint-Omer, ville du département du Pas-de-Calais, la confection des pipes en terre alimente deux fabriques, dont l'une occupe 600 ouvriers et l'autre 350, et qui expédient chque année environ 36 millions de pipes en Europe, en Afrique et en Amérique; le prix varie de 2 à 5 francs la *grosse* (12 douzaines), et l'ensemble forme un affaire de 7 à 800,000 francs par an.

Mais les plus belles sont confectionnées avec ce qu'on appelle mal à propos *écume de mer*. Cette prétendue écume est la *magnésite*, substance blanche, opaque, douce et grasse, infusible, d'une texture compacte, qui est une conbinaison de *silice* et de *magnésie*, avec une faible quantité d'eau. On la trouve par masses informes dans l'île de *Négrepont*, en *Piémont*, près de *Madrid*; mais elle n'existe avec un degré satisfaisant de pureté qu'à *Kiltschik*, dans l'Anatolie, d'où elle est expédiée à Vienne (seul dépôt européen) par quelques négociants turcs, grecs ou arméniens. Les Allemands, qui les premiers reçurent et utilisèrent cette substance, dissimulèrent l'origine et la provenance de leur trouvaille, et, afin de s'en assurer le monopole, ils lui donnèrent un nom qui devait faire croire à une origine mystérieuse et étrange, celui d'écume de mer.

L'Allemagne a longtemps seule fabriqué des pipes d'écume à Vienne, en Autriche, et à Rhula, en Saxe ; mais depuis quelques années MM. *Séjournant* et *Cardon* ont importé en France cette industrie, à laquelle ils ont donné un immense développement. Pour se procurer directement la magnésite, M. *Cardon* n'a pas hésité à se rendre en *Asie Mineure*. Muni d'un sauf-conduit du sultan *Abd-ul-Medjid*, il s'est aventuré dans des routes escarpées, exposé à toutes sortes de privations, indépendamment du grave inconvénient de rencontrer au coin des bois des bandes de voleurs ou de soldats fugitifs. Enfin, il a pu arriver aux carrières de magnésite ; il a conclu des marchés, fait expédier à dos de mulet des morceaux choisis du précieux minéral, et s'il a dû au retour affronter de plus grands périls encore, il a du moins été soutenu par la certitude du succès.

La *marnière* d'où l'on tire cette substance constitue à ce qu'il paraît un banc très considérable. On lave, assure-t-on, la magnésite dans du lait, afin de l'épurer et de lui donner plus de blancheur ; préparée ensuite avec des matières telles que la cire et le suif, elle acquiert au feu la dureté qui permet de lui donner le beau poli qui la distingue. Toutefois, ce qui rehausse particulièrement la valeur des plus belles pipes d'écume, ce sont les gracieuses figures, les charmantes petites scènes qui y sont sculptées, soit sur la tête, soit sur le tuyau. Ici ce sont des combats entre des Français et des Arabes, là des scènes de l'histoire du moyen âge ou de la mythologie, ou bien encore des tableaux de mœurs allemandes, des buveurs de bière, des musiciens, des chanteurs. Les porte-cigares eux-mêmes sont ornés également des plus capricieuses fantaisies, et se vendent à des prix assez élevés.

Pour témoigner son intérêt et sa bienveillance à ce genre d'industrie, Sa Majesté l'Empereur avait fait choix d'une des pipes d'écume les plus remarquables par leur ornementation et leurs sculptures, et il avait promis d'en donner la somme de 1,200 francs. Mais peu de jours après, la pipe avait été enlevée de dessous la cloche de verre où elle était exposée, et nous n'avons pas appris qu'on l'ait retrouvée.

X

Deux tableaux en allumettes chimiques.

Un jour que je me promenais avec mes enfants parmi les objets exposés par l'Autriche dans la grande annexe du Palais de l'Industrie, nous nous trouvâmes tout à coup placés en face de deux singulières peintures, qui excitèrent vivement notre curiosité. L'une représentait le sultan à cheval, revêtu d'un brillant costume militaire ; l'autre imitait un volcan en éruption, vomissant des torrents de lave enflammée et de feu. Toutes deux, élevées sur un piédestal en face l'une de l'autre, ressemblaient à des tableaux en broderie, et sollicitaient nécessairement l'attention des visiteurs. Nous cherchâmes vainement au premier abord à nous rendre compte de la nature de ces représentations un peu grossières, et qu'on sentait bien ne pouvoir être des peintures proprement dites. Ce ne fut qu'en nous approchant tout à fait que nous découvrîmes qu'elles se composaient tout entières d'allumettes chimiques, serrées les unes contre les autres, et dont l'extrémité, soufrée et enduite de phosphore de diverses nuances, présentait cette variété de couleurs et de teintes qui, convenablement disposées, formaient deux tableaux, sinon très fins, au moins ressemblants, et en tout cas fort curieux à examiner. Cette vue provoqua bien des demandes d'explications, et voici le résumé de ce que nous apprîmes relativement à cette industrie.

La fabrication des allumettes phosphoriques est une industrie nouvelle, due aux progrès immenses et de toute nature que la chimie a faits dans des temps très rapprochés de nous. Peu de découvertes nouvelles se sont répandues avec une rapidité égale jusque dans les campagnes les plus reculées, et cependant il existe encore bien des cultivateurs qui s'en tiennent à la pierre de silex et au vieux briquet d'acier, prétendant que depuis que l'invention nouvelle a prévalu, on a vu se multiplier d'une manière effrayante les incendies et autres accidents analogues, suite nécessaire de l'imprudence avec laquelle on laisse des allumettes chimiques à la portée des jeunes enfants.

Quoi qu'il en soit de ces accusations, la fabrication de ces allumettes a pris actuellement une extension immense. Telle maison de Paris, engagée dans ce genre d'industrie, consomme à la lettre, chaque année, un véritable chantier de bois blanc. Une fabrique de Manchester, celle de M. Dixon, arrive au chiffre énorme de 6 à 9 millions d'allumettes par jour. Sur le continent de l'Europe, il y en a de grandes manufactures en Transylvanie, en Finlande, au golfe de Bothnie, et en Allemagne, où l'invention en a été faite (à Berlin), il y a environ trente ans.

La première opération consiste dans la préparation du bois. On se procure d'abord de belles planches de sapin du Nord, sans nœuds et faciles à fendre. On les scie et on les coupe en petits tronçons de la longueur qu'on veut donner aux allumettes ; puis, au moyen d'un couteau fixé par un des bouts à la table, on réduit ces tronçons en planchettes parallèles entre elles, qu'on a la précaution de ne pas séparer entièrement les unes des autres, et qu'on maintient un peu écartées en jetant dans les fentes de la sciure de bois ; après cela on dirige le couteau perpendiculairement aux premières fentes, et les planchettes se trouvent partagées en une multitude de petites bûches ou d'allumettes, qui adhèrent encore toutes les unes aux autres par le pied. Dans cet état, et avec la poussière qui tient les fragments écartés les uns des autres, chaque tronçon ainsi refendu présente l'aspect d'un pinceau grossier. C'est alors qu'on les plonge jusqu'à la hauteur d'un centimètre environ dans du soufre fondu, en ayant soin de n'opérer jamais dans un vase de métal et de ménager le feu.

Vient ensuite la dernière opération, qui consiste à ajouter à l'extrémité déjà soufrée une préparation destinée à rendre l'allumette inflammable au premier frottement un peu fort qu'on lui fait subir. Cette préparation consiste en chlorate de potasse (50 grammes) et en phosphore (25 grammes), mélangés avec de la gomme du Sénégal (100 grammes), et avec du bleu de Prusse, ou toute autre matière colorante destinée à donner au tout la nuance qu'on préfère. On commence par faire fondre la gomme à froid dans trois ou quatre fois son poids d'eau ; on filtre ensuite le liquide à travers un linge fin qu'on presse fortement. On fait chauffer légèrement cette gomme dans un vase en terre, en y ajoutant le chlorate en poudre et la matière colorante, puis le phosphore, qui se fond comme de la cire ; on amalgame bien le tout ensuite avec un petit bâton et on laisse refroidir. Après cela, on n'a plus qu'à prendre un peu de cette composition, qu'on place sur une table de pierre chauffée à la vapeur, et à tremper dans ce mélange le bout des allumettes déjà soufrées. Les allumettes sont déposées ensuite dans une chambre chaude, et quand elles sont sèches, on les met en boîtes et en paquets.

L'air et l'humidité altèrent, comme on sait, très promptement la nature des allumettes : le premier en brûlant lentement le phosphore qui garnit la tête ; la seconde, en ramollissant la gomme ; de ces deux inconvénients le dernier est le principal à redouter. Un autre inconvénient de l'emploi de ces allumettes, ce sont les émanations fàcheuses qui s'en exhalent, et qui, dans les lieux où il s'en trouve une grande quantité, peuvent exercer sur la santé une influence des plus pernicieuses.

Tous les ouvriers qui travaillent dans les manufactures où l'on emploie le phosphore sont en effet plus ou moins exposés à une maladie terrible connue sous le nom de *carie des os*. Elle commence par un léger mal de dents, puis, peu à peu, elle conduit à une désorganisation qui souvent cause la mort, ou du moins envoie les malheureux dans un hôpital pour le reste de leur vie. Les uns ne peuvent pour ainsi dire plus ouvrir la bouche ; d'autres subissent d'affreuses opérations qui leur enlèvent parfois une bonne partie de la mâchoire supérieure.

Pour remédier à d'aussi graves accidents, on a proposé de remplacer le phosphore ordinaire par une autre espèce surnommée *phosphore amorphe*, lequel ne prend pas feu sous une pression ordinaire, et n'exhale aucune émanation dangereuse dans son contact avec l'air. Il est vivement à désirer que cette nouvelle substance soit bientôt employée dans toutes les fabriques, et que la santé des malheureux ouvriers qui nous préparent ce moyen si commode de nous procurer de la lumière, ne soit plus exposée à de si redoutables calamités.

XI

Le corail rouge et les éponges.

La plupart de mes lecteurs savent qu'entre l'île de Corse, à jamais célèbre par la naissance du plus grand capitaine des temps modernes, et l'île de Sardaigne, qui fait partie du royaume de Piémont, il existe un détroit connu sous le nom de *canal de Boniface*, passage assez large, mais rendu dangereux pendant les mauvais temps par la présence d'un assez grand nombre de roches sous-marines et d'îlots déserts. L'année dernière, une catastrophe épouvantable vint attirer l'attention publique sur ces périlleux parages, et l'on se préoccupa pour quelques jours des précautions à prendre pour éviter de pareils sinistres à l'avenir. Une frégate, *la Sémillante,* qui portait environ 800 hommes destinés à aller renforcer en Crimée l'armée d'Orient, poussée par des vents impétueux et irrésistibles au

milieu des écueils qui bordent le canal, y fut
broyée et engloutie d'une manière si soudaine
et si inattendue, que pas un des passagers ne
paraît avoir eu le temps d'essayer quelque
chose pour sauver sa vie; tous les cadavres,
découverts au fond des eaux à la suite de pé-
nibles recherches, étaient encore revêtus des
mêmes habits que chacun portait au moment
où la mort vint le surprendre et l'entraîner
sous les flots.

Eh bien! mes chers amis, dans ce sinistre
détroit de Boniface, croît en assez grande
abondance le *corail*, cette espèce de plante
marine en pierre, que construisent de petits
animaux microscopiques dans les profondeurs
de l'Océan, et avec laquelle on peut faire des
bijoux et des parures de tout genre, d'un effet charmant. De l'endroit même où sombra
la *Sémillante*, on a retiré entre autres une magnifique tige de corail noir dont la nuance
exceptionnelle, non moins que l'origine, attirait les regards de tous les visiteurs de l'Exposition. Cette substance, ordinairement du
plus beau rouge, se rencontre, au reste, sur
un grand nombre de points de la Méditerranée, dans le détroit de Messine, et surtout sur

les côtes de l'Algérie, dans le voisinage de la
Calle principalement. Dès la plus haute antiquité, l'éclat de sa vive couleur fixa l'attention des hommes, qui s'en taillèrent des ornements divers : bracelets, colliers, bijoux et
parures de tout genre.

Le corail est formé par des petits animaux
microscopiques, blancs, mous, presque trans-
parents. Semblables aux larves d'abeilles (ou
couvains) que vous voyez dans un gâteau de
cire, placées chacun dans une cellule, la tête
tournée vers l'ouverture, les petits polypes
constructeurs du corail sont fixés aussi dans
des cellules de pierre qu'ils ont formées eux-
mêmes, absolument comme les escargots font
sortir de leur corps ou sécrètent la matière cal-
caire qui, en se durcissant, forme leur coquille.
Ces animaux ne peuvent sortir de la place,
mais leur bouche s'ouvre au dehors et prend
sa nourriture dans l'eau de la mer à l'aide de
huit tentacules qui sont comme des espèces de
bras, destinés à amener dans la bouche, par
leurs mouvements, les petites molécules de
nourriture qui flottent dans l'eau environnante. Chacun de ces petits êtres, pendant sa
courte existence, travaille à étendre sa de-

meure; bientôt leurs œufs éclosent et les jeunes polypes élèvent leurs cellules par·dessus celles de leurs prédécesseurs. Ceux-ci sont étouffés ou disparaissent, mais leurs habitations en pierre servent de fondements à celles des générations nouvelles.

Ainsi se forme peu à peu le polypier qu'on appelle *corail*, et qui ressemble à un arbrisseau sans feuilles, mais très branchu, d'environ 50 à 60 centimètres de hauteur sur une épaisseur de 3 à 4 centimètres. Il adhère au rocher par un large pied. Il est recouvert d'une écorce plus ou moins gélatineuse; l'intérieur est d'un rouge vif et a la dureté du marbre. Ce n'est qu'au bout de dix ans que le corail a acquis tout son développement et qu'on peut le recueillir. Il se trouve à des profondeurs très variables, à 60 ou 80 pieds en moyenne; mais, plus il croît loin de la surface, moins il est beau, et moins il grandit rapidement. Il se développe dans toutes les directions possibles; mais, en général, il se trouve suspendu à la voûte des cavernes sous-marines, et ses rameaux sont dirigés de haut en bas.

On pêche le corail pendant les trois mois de la plus grande chaleur. Souvent de hardis plongeurs vont l'arracher au fond de la mer ; mais le plus ordinairement on le recueille en promenant au fond de l'eau, au moyen d'une corde, un filet que deux lourds bâtons mis en croix maintiennent ouvert, et qui est retenu par un boulet. Les pieds des coraux touchés se brisent, et leurs branches restent prises dans le filet ; quant aux fragments qui se détachent et tombent, les pêcheurs plongent et vont les chercher, s'ils ne sont pas à une trop grande profondeur.

Une autre substance marine qui, comme le corail, est formée au sein des eaux par une multitude de petits animaux microscopiques, c'est l'*éponge*, cette matière élastique et douce, qui, par la facilité avec laquelle elle s'imbibe de n'importe quel liquide avec lequel on la met en contact, rend de si grands services au point de vue de la propreté et de l'hygiène. Cet animal-plante adhère aussi très fortement aux rochers, mais à certains moments de l'année, il s'en détache des groupes d'œufs qui se dispersent de divers côtés, et vont former ailleurs d'autres éponges dont se tapisse le fond des mers.

C'est de la Méditerranée que se tirent les

plus belles éponges. A l'Exposition universelle on en voyait une en forme d'entonnoir
et de taille vraiment gigantesque, car elle
avait tout près d'un mètre de diamètre d'un
bord à l'autre. Les plus fines, entre autres les
éponges douces de Syrie, les *éponges blondes*,
qu'on réserve pour la toilette, ne sont jamais
de dimensions aussi considérables, et se vendent beaucoup plus cher. On s'en procure une
grande quantité dans les parages de la Grèce,
spécialement dans les détroits qui séparent
entre elles les petites îles de l'Archipel. L'é-
ponge colossale dont nous parlions tout à
l'heure, a été pêchée dans le canal qui est
entre l'île de Chypre et la côte de Caramanie,
en Asie Mineure.

On ne se livre à ce genre de pêche que
lorsque l'eau est calme, et qu'elle permet de
distinguer les éponges à 10 mètres au plus de
profondeur. Deux hommes presque nus, montés sur un canot, armés seulement d'un grand
couteau attaché à une ceinture de cuir, plongent tour à tour, et bientôt reparaissent te-
nant dans leur main une éponge. Le soir, ils
rentrent chez eux épuisés de fatigue, saignant
du nez et des oreilles ; et trop heureux encore

d'avoir échappé aux requins. Lorsque vous vous servez d'une éponge, vous ne vous doutez guère, mes chers amis, des fatigues et des dangers auxquels de pauvres ouvriers se sont exposés pour vous la procurer. Efforcez-vous cependant d'être reconnaissants, d'abord envers le premier auteur de ces innombrables merveilles que la nature et l'art ont appropriées à votre usage, et aussi envers tous ceux dont le travail et les fatigues ont concouru à vous enrichir de tant de si précieux produits. Dans la vie civilisée, tout homme qui travaille est utile à tous les autres, qui dépendent de lui, de même qu'il a besoin d'eux ; le paresseux seul est un fardeau pour la société, car il consomme autant qu'un autre et ne produit rien d'utile pour le bien de tous. Tout travailleur honnête a donc droit à notre sympathie et à notre cordial intérêt, surtout lorsqu'il expose sa santé ou sa vie pour nous procurer quelque bien-être ou quelque agrément.

XII

Les perles et les petites églises en nacre.

Parmi les divers objets exposés par l'industrie viennoise, et tout à côté de ses fameuses pipes d'écume, les regards des spectateurs étaient attirés par un très grand nombre de modèles charmants des églises gothiques les plus célèbres, le tout en nacre délicatement découpée et sculptée, et miroitant avec l'éclat chatoyant et irisé qui est particulier à cette substance. D'un autre côté, la profusion inouïe de perles de toute grandeur et de toute nuance qui s'étalait dans les diverses parties de l'Exposition, avait déjà attiré notre attention vers ces produits à la fois si étranges et si admirables, qui s'élaborent dans l'ombre et le silence au milieu des profondeurs de l'Océan. Nous fûmes donc conduits, mes enfants et moi, à étudier ensemble l'origine des perles et de la nacre et l'usage que les hommes en font.

La *nacre* (de l'arabe *nakar*, coquille) est la surface intérieure, brillante, blanche ou argentée de la coquille dans laquelle vivent divers mollusques, notamment ceux appartenant à un certain genre d'*huîtres* connues sous les noms de *pintadines* ou d'*huîtres à perles*. Avec des instruments tranchants, on enlève la partie extérieure de la coquille, qui est grossière et sans valeur, puis l'intérieure, qui est la nacre, est dressée, découpée et façonnée de manière à pouvoir servir à toutes sortes d'ouvrages de marqueterie fine, de tabletterie et de bijouterie. On s'en sert pour couvrir des boîtes et des tabatières; pour faire, comme nous l'avons dit plus haut, des représentations en petit d'églises et d'ornements divers; pour fabriquer des étuis, des éventails, des boutons, des dés, des manches de canifs, etc. Les nacres se vendent au poids, et leur prix varie suivant leur beauté et leur grandeur. On travaille surtout la nacre de perle en France, à Paris et dans les départements voisins, ainsi qu'en Angleterre et en Hollande.

La *perle* est une substance très dure, d'un blanc mat, argentin et chatoyant, de forme ordinairement ronde ou un peu allongée en poire, qui se produit dans l'intérieur de plusieurs coquillages d'eau douce et d'eau salée, et surtout dans celui de la pintadine ou huître perlière. La cause première de la formation de cette substance semble due aux efforts du mollusque pour se délivrer d'un mal inévitable : un grain de sable ou tel autre corps étranger qui s'est introduit dans sa demeure. L'animal, afin d'en être moins incommodé, l'entoure dès ce moment d'une certaine quantité de nacre lisse et brillante (car la matière de la nacre et celle de la perle sont les mêmes). Cette substance, que le mollusque sécrète ou fait sortir de son corps en plus ou moins grande abondance, se durcit peu à peu et forme de petites boules plus ou moins régulières et de diverses couleurs, qui, de temps immémorial, ont été excessivement appréciées, et ont servi à faire des colliers, des bracelets, des pendants d'oreilles, des diadèmes et autres parures diverses. Les dames romaines s'en couvraient les bras et les épaules, et en brodaient sur leurs vêtements. Les deux qui servaient de pendants d'oreille à Cléopâtre, célèbre reine d'Egypte, vers le commencement de l'ère chrétienne, avaient coûté plus de 3 millions de notre monnaie; on prétend qu'un jour cette femme insensée, pour surpasser encore les folles dépenses du général romain Marc Antoine, jeta une de ces perles dans un plat, la fit fondre et l'avala. Une perle du schah ou roi de Perse a été estimée à 2,750,000 francs.

On distingue les perles, soit d'après leur forme : il y en a de *rondes,* qui sont les plus estimées, d'autres en *poire* et de *biscornues* ou *baroques;* soit d'après leur grosseur : les plus petites sont appelées *semences,* les plus grosses *paragonnes;* soit enfin d'après leur *eau* ou couleur et leur teinte nacrée, ou, comme on dit, *orient;* elles passent du blanc azuré au blanc jaunâtre, au jaune d'or et au noir bleuâtre; il y en a même de roses, de bleues et de lilas, mais elles sont fort rares. Celles qu'on préfère en Europe, ce sont les blanches; les Orientaux recherchent surtout les jaunes ou les noires. Un beau collier de perles, un peu plus petites qu'un gros pois, coûte de 4 à 8,000 francs; les prix varient, non-seulement d'après la grosseur, mais encore d'après la régularité et la nuance des teintes.

Des pêcheries de perles existent sur un

grand nombre de côtes; cependant ce n'est plus guère que dans quelques parages de la mer des Indes qu'on les exploite avec un certain succès. Les principales se trouvent dans le détroit de Manaar, situé entre la presqu'île de l'Inde et l'île de Ceylan; autour de l'île Bahraïn, à l'entrée du golfe Persique, et tout le long des côtes voisines, au sud-est de l'Arabie. La pêcherie de Bahraïn est la plus importante de toutes; le produit en est annuellement de 5 à 6 millions, et si l'on ajoute à ce chiffre la valeur de ce qui est recueilli dans les îles voisines et le long de la côte d'Arabie, on arrive à un total de 7 à 9 millions de francs; c'est là surtout que les Orientaux s'approvisionnent de perles jaunes.

La pêche à Ceylan est un monopole du gouvernement anglais. Elle rapporte de 750,000 à 3 millions de francs, suivant que les bancs d'huîtres ont été plus ou moins épuisés dans les années précédentes. Les huîtres n'atteignant leur maturité qu'à 7 ou 9 ans, on ne laisse faire la pêche sur les bancs qu'après s'être assuré qu'elles sont assez grosses. Chaque banc est partagé en plusieurs lots, mis pour ainsi dire en coupe réglée, et affermés successivement d'année en année. Les plus riches en coquilles sont, dit-on, à la profondeur de 6 ou 8 brasses seulement. La pêche ne dure que six semaines ou deux mois. Les bateaux partent et reviennent ensemble; chacun est monté par 10 rameurs et 10 plongeurs; ceux-ci se partagent en bandes de 5 hommes chacune, qui plongent, demeurent une minute et demie ou deux sous l'eau, recueillent autant de coquillages que possible, et, à un signal donné, sont ramenés promptement, à l'aide d'une corde, au-dessus de la surface des flots. Une fois dans la barque, ils rejettent par la bouche, par le nez et par les oreilles de l'eau et souvent même du sang, ce qui ne les empêche pas de répéter la même opération jusqu'à 40 ou 50 fois par jour. En général, ces pauvres gens ne deviennent pas vieux; parfois ils sont frappés d'apoplexie au sortir de l'eau. Mais le danger qu'ils redoutent le plus, c'est celui de tomber sous la dent du requin: aussi la présence d'un seul de ces animaux voraces suffit-elle pour arrêter complétement la pêche. Les plongeurs sont payés quelquefois en argent, mais le plus souvent en huîtres, avec la chance de trouver dans celles qu'on leur donne, de riches joyaux. On a rencontré dans une seule coquille jusqu'à 150 perles, petites ou grandes; mais aussi on peut en ouvrir 150 sans y rien trouver du tout.

Aussitôt déchargées à terre, les huîtres sont jetées dans de grands trous, où elles pourrissent en infectant tous les environs. On les ouvre alors sans peine, et les perles sont recueillies avec soin, nettoyées, puis arrondies et polies au moyen d'une poudre formée par les perles elles-mêmes; enfin, elles sont assorties, percées et réunies en collier. Les perles du banc de Ceylan sont plus estimées en Angleterre que celles d'aucune autre contrée, à cause de leur forme plus régulière et de la blancheur de leur éclat argentin.

On imite les perles de diverses manières. Le plus souvent on le fait au moyen de petites boules creuses en verre, revêtues intérieurement avec la matière brillante dont se composent les écailles de l'*ablette*, petit poisson qui abonde dans la Seine et dans les autres fleuves de l'Occident. Ces écailles sont lavées à plusieurs eaux, et chaque fois on laisse reposer le liquide; l'eau est ensuite vidée, et il reste au fond du vase une liqueur qui a la consistance de l'huile et la couleur de la perle, et qu'on appelle *essence d'Orient* ou *essence de perle*. Pour incruster l'essence de perle dans les globules de verre, on la mêle préalablement avec de la colle de poisson; on la souffle ensuite dans chaque grain de verre, et, pour rendre la perle plus solide, on remplit le vide en y coulant de la cire blanche. Généralement, néanmoins, il n'est pas difficile de distinguer ces perles fausses des véritables; leur éclat diffère pour l'ordinaire assez sensiblement.

XIII

Un livre imprimé sur caoutchouc.

Chacun de mes lecteurs connaît le *caout-chouc* ou *gomme élastique,* cette substance résineuse qui se trouve dans le suc laiteux d'un certain nombre d'arbres de l'Amérique du Sud et des contrées chaudes de l'Asie et de l'Afrique. Longtemps envisagé par les naturalistes comme objet de pure curiosité, et n'ayant d'autre usage que celui d'effacer sur le papier les traces du crayon, ou de fournir des balles élastiques pour les jeux des enfants, ce produit a reçu depuis un certain nombre d'années des applications tellement nombreuses et diverses, qu'en étudiant cette partie de l'exposition des Etats-Unis on en était à se demander si l'on ne substituerait pas bientôt le caoutchouc à toutes les autres matières pour la confection des meubles, vêtements, chaussures, objets de toilette, de voyage, de chasse, de guerre, bijoux, instruments de physique, fournitures militaires, cartes géographiques, jouets d'enfants, etc. On y trouvait réellement de tout, jusqu'à un volume in-8°, imprimé sur des feuilles de caoutchouc, revêtu d'une élégante reliure aussi en caoutchouc durci, et exposant l'histoire merveilleuse de la fabrication qui nous occupe. Racontons en abrégé l'origine et les progrès de cette intéressante industrie.

Le caoutchouc fut décrit pour la première fois, en 1736, par La Condamine et Bouguer, savants français envoyés au Pérou par l'Académie des sciences pour faire des observations relativement à l'aplatissement de notre terre aux pôles. Un peu plus tard, en 1751, un autre Français, Fresneau, qui avait résidé pendant quinze ans à la Guyane, recueillit des détails plus étendus sur cette substance et sur l'arbre qui la produit *(Hevea guyanensis)*. Cet arbre atteint une hauteur de 18 à 20 mètres. Il porte des fruits à noyaux, dont l'amande est blanche et d'un goût agréable.

Pour se procurer le caoutchouc, les Indiens pratiquent sur l'écorce de ces arbres de profondes incisions, tout autour du tronc, depuis la base jusqu'aux branches les plus élevées, et ils reçoivent dans des calebasses ou dans de grandes feuilles de bananier ployées en bonnet, le suc laiteux qui s'en écoule. Abandonnée à elle-même, cette sève s'épaissit peu à peu par suite de la lente évaporation de l'eau qu'elle renferme, devient visqueuse et collante, et finit par se figer en une matière solide éminemment élastique. Comme une pareille évaporation exige beaucoup de temps, il arrive souvent que, pour la rendre plus rapide, les naturels du pays confectionnent des moules en terre glaise, qu'ils plongent successivement et un grand nombre de fois, dans le suc convenablement épaissi. Lorsqu'ils jugent la couche de caoutchouc assez forte, ils brisent le moule et en font sortir les fragments par une ouverture quelconque. C'est du moins ainsi qu'est préparé le caoutchouc en poires qu'on trouve dans le commerce. Le plus souvent maintenant on nous l'envoie sous forme de plaques épaisses, colorées en brun, et pesant jusqu'à 100 kilogrammes.

Le suc qui forme le caoutchouc est originairement blanc; il doit principalement sa couleur brun marron à la fumée à laquelle on l'expose en le faisant sécher couche par couche pour lui donner de la consistance. Il est sans odeur ni saveur, inaltérable à l'air, tout à fait imperméable à l'eau, et doué d'une élasticité qu'aucune autre substance ne possède au même degré. Comme cette matière se fond facilement et se dissout sans peine dans l'éther et dans certaines huiles, on en a profité pour l'étirer en forme de fils propres à entrer dans la confection de tissus qui nécessitent une certaine élasticité : bretelles, jarretières, ceintures, etc. ; avec un kilogramme de matière, on peut faire, dit-on, 40,000 mètres de fils de caoutchouc.

On en a profité encore pour confectionner des vêtements et des chaussures complétement imperméables à l'eau, et qui ont eu le plus grand succès. L'inventeur des vêtements imperméables fut un Irlandais nommé Mac-Intosh, dont ils ont longtemps porté le nom. Son procédé consiste à réunir entre elles deux pièces d'étoffe au moyen d'une colle de caoutchouc dissous dans de l'huile de naphte. Ses paletots et manteaux, après avoir joui d'une grande vogue, sont généralement remplacés aujourd'hui par des vêtements plus légers et d'un prix moins élevé. On en a fait qui ont reçu le nom assez bizarre de *Janus*, et qui peuvent se retourner à volonté. Une face est d'étoffe imperméable, c'est celle qu'il faut présenter au mauvais temps; l'autre est un tissu dit Orléans, tissu léger, fin, brillant, presque semblable à de la soie; c'est le côté qui prend l'air quand il fait beau. —Quant aux chaussures imperméables, c'est du caoutchouc moulé sur la forme du pied, et qui permet de marcher à pied sec, même dans des mares d'eau; l'unique inconvénient de ces chaussures est de concentrer ou d'emprisonner l'humidité venant de l'intérieur.

Malgré d'aussi importants résultats, l'industrie nouvelle était paralysée dans son essor par l'état peu stable des objets confectionnés avec le caoutchouc. Cette substance, en effet, se durcit par le repos et le froid, et se ramollit par le maniement et la chaleur, de telle sorte qu'un produit qui trouvait son emploi en été devenait inutile dans une saison moins chaude. Pour combattre ces graves inconvénients, un Américain, M. Charles Goodyear, a inventé la *vulcanisation*, opération qui rend le caoutchouc absolument insensible aux variations de la température, et qui consiste à plonger les feuilles de gomme dans un bain de soufre fondu.

Les usages du caoutchouc vulcanisé sont immenses. On en fait des matelas à eau chaude, des coussins, des gourdes de voyage, des tuyaux de toute dimension, des tampons de machines, des courroies, des ressorts, des tentes imperméables, des cartes géographiques imprimées, des papiers peints inaltérables à l'humidité, et dont un, en forme de tableau, représentait à l'Exposition une scène de la *bataille de l'Alma.*

Mais M. Goodyear ne s'en est pas tenu à cela. En continuant ses recherches, en forçant la vulcanisation, c'est-à-dire en faisant absorber par le caoutchouc, non plus seulement le douzième, mais le cinquième de son poids de fleur de soufre, et chauffant le mélange à 150 degrés, l'inventeur américain a réussi à nous doter d'un produit nouveau, dur comme la corne ou l'écaille, et susceptible d'un très beau poli. Et si vous demandez ce que fait M. Goodyear avec son caoutchouc durci, nous serions plutôt tenté de vous demander ce qu'il ne fait pas ou ne peut pas faire. Que n'avous-

nous pas vu en effet dans la brillante exposition de la compagnie américaine fondée pour
exploiter ce nouveau procédé ? Manches de
couteau sculptés, crosses de fusils ornés de
sujets moulés avec art, jumelles ou lunettes
doubles pour le théâtre, meubles richement
dorés et rivalisant avec l'ébène le plus poli,
broches, épingles, peignes, bijoux montés de
perles fines, instruments de musique, tels
que violons et clarinettes, candelabres, cannes
et cravaches très flexibles, en même temps
que dures, instruments de chirurgie, poires à
poudre et autres instruments de chasse ; fournitures militaires, telles que fourreaux d'épée,
fontes de pistolets, casques élégants, pontons
pour le génie militaire, planches pouvant avec
avantage être substituées au cuivre pour le
doublage des navires, bateaux dits de sauve-
tage ou insubmersibles, qui, s'ils n'ont pas à
craindre l'impétuosité des vagues, ne sont
peut-être pas aussi en sûreté contre les pointes
aiguës des rochers sous-marins, etc., etc.

Grâce aux inventions de M. Goodyear, le
caoutchouc va devenir une des matières les
plus employées dans les diverses branches de
l'industrie ; mais si l'on ne se hâte pas de

prendre des mesures de prudence, n'arrivera-
t-on pas promptement à l'épuisement des forêts
et au renchérissement excessif de cette substance ?

XIV

Industrie cotonnière.

Le cotonnier est certainement l'une des plantes les plus précieuses que la bonté de Dieu ait mises à la disposition de l'homme, et il n'en est aucune qui, après les blés divers, donne lieu à une aussi grande masse de transports. Le commerce du coton occupe, en effet, des centaines de navires et *on n'évalue pas à moins de 4 milliards de francs la somme annuelle que représente l'industrie cotonnière dans le monde entier.* Nulle autre matière ne reçoit du travail qui la façonne une augmentation aussi considérable : elle nous arrive au prix moyen de 1 franc 25 cent. à 1 franc 50 cent. le kilogr. Mise en œuvre, filée et tissée, on peut en évaluer le prix moyen à 5 francs. Néanmoins, le coton demeure toujours la moins chère des substances textiles, ce qui explique pourquoi il tend à remplacer toujours davantage le lin et le chanvre, qui ont pourtant sur lui d'incontestables avantages au point de vue de la qualité, de la beauté et de la solidité.

Le coton se présentait à l'Exposition sous toutes les formes imaginables. Plusieurs contrées nous avaient envoyé des *plantes* encore surmontées de leurs feuilles, et des *capsules* renfermant les graines ensevelies dans une touffe de ce que nous appelons coton. Ailleurs, c'étaient *des bobines et des écheveaux de coton filé* à tous les degrés, depuis les numéros les plus bas (1 à 6), qui ne servent qu'à la confection des mèches à chandelles, jusqu'aux numéros les plus élevés (tels que le 300, ainsi nommé parce qu'on peut en tirer 300,000 mètres d'un demi-kilogramme), numéros, il est vrai, tout à fait exceptionnels, car la plupart de nos fabriques se contentent, pour la grande masse de leurs articles, de fils allant du n° 12 au n° 80. Et parmi les *tissus de coton*, quelle variété infinie d'articles, depuis l'indienne qui se vend 30 centimes le mètre jusqu'aux mousselines et aux tulles du prix le plus élevé! Ici, s'étalent les *tulles* à la mécanique de Calais, que fabriquent plus de 600 métiers mus à la vapeur dans de grandes usines, et qui produisent un mouvement d'affaires de 14 ou 15 millions de francs par année. Ailleurs, sont des tulles analogues de la ville de Nottingham (Angleterre), qui ne compte pas moins de 3,500 métiers, et où le chiffre des affaires annuelles, dans ce genre d'industrie, s'élève à plus de 100 millions. Parmi les fins tissus de coton, nous rencontrons encore les *mousselines brodées d'Appenzell et de Saint-Gall*, en Suisse, faisant concurrence aux broderies analogues d'une ville française, Tarare; les *batistes, gazes, percales* et autres tissus légers de Saint-Quentin, etc. Dans les tissus plus ordinaires, nous avons les *indiennes* bon marché de Manchester et de Rouen, les *mousselines, jaconas, toiles peintes, de Mulhouse, de Glasgow*, et d'une foule d'autres cités industrielles, des étoffes pour tous les goûts et pour toutes les bourses, des moyens infinis de se vêtir proprement et à peu de frais. La France pour sa part fabrique plus de 100 millions de mètres d'indienne par année; l'Angleterre, 500 millions; viennent ensuite les Etats-Unis et la Suisse, qui en fabriquent des quantités fort considérables aussi.

Le coton, comme nous l'avons dit, est le

duvet floconneux, long, fin et soyeux, de couleur blanche, jaune ou rougeâtre, dans lequel les graines du cotonnier sont ensevelies jusqu'au moment où les gousses qui les renferment sont parvenues à l'époque de leur maturité. En automne, elles s'ouvrent et on se hâte de recueillir le coton. La récolte se fait ordinairement le matin, pendant que la rosée humecte encore les végétaux, afin que les feuilles qui se dessèchent par la chaleur du jour ne se brisent et ne tombent pas par fragments parmi le coton. Celui-ci est placé dans des sacs de toile, emporté à la maison, puis exposé au soleil sur des draps, afin de le bien sécher. Si des pluies prolongées arrivent, on dessèche le duvet dans des fours; mais la qualité en souffre un peu. Pour séparer les graines du coton, on fait passer l'ensemble entre des cylindres assez rapprochés pour que les graines ne puissent pas passer et. tombent par terre. Le coton est ensuite emballé dans des sacs de toile, où on le presse autant que possible, à l'aide de machines ou autrement, et il est finalement livré au commerce.

Dès la plus haute antiquité, le coton a été employé dans l'Inde et en Egypte; en Amériquc on a remarqué que des manteaux de momies péruviennes étaient en coton, et l'on sait que les premiers conquérants espagnols qui s'établirent dans ce nouveau continent, trouvèrent partout le cotonnier en pleine culture. Ce ne fut cependant que vers la fin du siècle passé que le coton entra dans le commerce comme objet d'échange important. La variété que nous appelons *Géorgie longue soie*, et les Anglais, *soie des îles* (sea island), la plus belle de toutes les variétés connues, était cultivée dans la Caroline du Sud (Etats-Unis) dès 1790. Et, chose bien singulière et intéressante, le champ où fut tenté le premier essai de culture de cette variété, renfermait la place même où une colonne de pierre, qui devait rappeler la prise de possession de ce pays au nom de la France, fut élevée en 1562 par Jean Ribault, hardi capitaine français qui, parti de Dieppe avec deux navires, avait été chargé par Coligny, avec la permission du roi Charles IX., d'aller fonder une colonie protestante dans la Floride ou sur les côtes du voisinage, colonie bientôt oubliée et abandonnée, et dont il ne resta d'autre trace que le nom du roi de France donné à ce pays, *la Caroline*. Or, c'est de ce champ même que le gouvernement français, ces dernières années, a tiré les graines qui ont permis à l'Algérie de récolter les magnifiques échantillons de coton longue soie qui étaient exposés en si grande abondance au Palais de l'Industrie, et qui semblent promettre à notre colonie de si riches ressources à l'avenir, si elle peut parvenir à le fournir à aussi bas prix que les Etats méridionaux de l'Union américaine.

Le premier pays producteur du coton c'est en effet aujourd'hui l'Union américaine, et aucun autre genre de culture n'a jamais présenté un pareil exemple de développement rapide et de progrès non interrompus. En 1747, sept balles seulement furent expédiées de Charlestown en Angleterre ; et lorsque, en 1784, le même port envoya 71 balles nouvelles, c'est-à-dire 8 ou 9,000 kilogrammes, la cargaison fut saisie comme contrebande, sous prétexte qu'il était tout à fait impossible que l'Amérique eût produit une aussi grande masse de coton. Mais déjà en 1791, le total des exportations des Etats-Unis était d'environ 86,000 kilogr. ; en 1795 il s'éleva à 3 millions de kilog. ; et maintenant on ne l'estime pas à moins de 600 millions de kilogr. évalués à plus de 600 millions de francs, c'est-à-dire que l'exportation américaine est au moins *sept mille fois plus forte qu'il y a soixante ans*. Alors on filait à la main, et 500 fileuses ne faisaient pas ce que 3 personnes exécutent sans peine, grâce aux inventions mécaniques d'Arkwright et Hargreaves. On tissait aussi à la main, et aujourd'hui les étoffes les plus fines peuvent être confectionnées mécaniquement, au point qu'on voyait à l'Exposition des mousselines faites avec des filés dont 300,000 mètres, comme nous l'avons dit, ne pèsent qu'un demi-kilogr. Aussi, des indiennes qui coûtaient, il y a trente ans, de 3 fr. 50 à 7 francs le mètre, se donnent à 60 ou 70 centimes, et l'Angleterre, qui ne produisait en 1750 que 50,000 pièces, et à la fin du siècle, un million, est arrivée actuellement à en produire 20 millions de pièces, soit plus de 500 *millions de mètres par an, c'est-à-dire de quoi faire 12 fois et demi le tour de notre globe terrestre !*

Les Etats-Unis ne sont pas le seul pays producteur de coton. Dans le courant de 1853, où ils figuraient, avons-nous dit, pour près de 600 millions de kilogrammes, l'Egypte

en a produit 31 millions; les Indes orientales,
30; le Brésil, 25; divers autres pays, 6; néanmoins, on demeure effrayé à la pensée des
milliers et des milliers d'individus qui se trou-
veraient privés de travail et de pain, sur le
continent et surtout en Angleterre, si une
guerre avec les Etats-Unis venait à suspendre
l'exportation de cette masse énorme de coton
qui nous arrive chaque année de l'autre côté
de l'Atlantique, preuve nouvelle, mes chers
amis, du besoin que les peuples ont les uns
des autres, et des avantages que la paix procure à tous, aux nations comme aux individus,
aux grands pays comme aux petits.

XV

Les dentelles et l'industrie du lin.

Malgré l'invasion de plus en plus générale
de la dentelle de coton et des tulles unis, façonnés, brochés et brodés, dont le travail s'est
perfectionné au point qu'ils peuvent rivaliser
en apparence avec les plus belles dentelles en
fils de lin, la production de celles-ci n'a nul-
lement diminué. Grâce à l'intervention des
machines, qui permettent de donner les dentelles de coton à 3 centimes le mètre, l'usage
de ces tissus légers et gracieux est devenu uni-
versel ; mais la belle fabrication des dentelles
à la main a conservé toute son importance, et
continue à être une ressource pour les paysan-
nes de certaines contrées pauvres de la Belgique, de la France et de la Suisse. Les machines
sont en effet hors d'état de pouvoir exécuter
tous les chefs-d'œuvre de l'habileté féminine
que produisent les jeunes filles des Flandres

ou les ouvrières lorraines, à Nancy, dans les Vosges*et dans la Moselle, chefs-d'œuvre dans lesquels elles ne sont surpassées que par les ouvrières suisses de Saint-Gall et du canton d'Appenzell, dont les rideaux de tulle brodés au crochet, et certains autres grands sujets brodés sur mousseline, batiste et tulle, ont fait l'admiration universelle des visiteurs de l'Exposition.

Mais laissons les dentelles de coton et revenons aux vraies et antiques dentelles, celles en fil de lin, dont on pourra peut-être essayer de se représenter l'incroyable degré de finesse, quand on saura qu'avec un kilogramme de lin on peut en fabriquer pour une valeur de plus de 10,000 francs. Dans ce genre de fabrication, la Belgique brille au premier rang et a conservé tout l'éclat de son antique renommée ; et l'on ne peut rien voir de plus séduisant comme goût, comme élégance et comme exécution que les riches étalages des fabricants de Bruxelles et des Flandres. Mais la France suit de bien près, si elle n'égale la Belgique ; aussi, c'est des dentelles françaises que nous voudrions vous entretenir particulièrement.

A en croire les renseignements fournis à l'occasion de l'Exposition de Londres par M. Aubry, l'un des hommes les plus versés dans la connaissance de cette industrie, la valeur produite annuellement par la fabrication des dentelles françaises, ne saurait être estimée à moins de 65 à 70 millions, chiffre qui représente à peu près la moitié de la fabrication de tous les autres pays producteurs de dentelles réunis.

Tous les tissus de ce genre sont fabriqués par des femmes (sauf en Flandre, où l'extrême pauvreté fait employer de jeunes garçons). Elles commencent dès l'âge de 4 ou 5 ans, et sont initiées ordinairement à cette industrie par leur aïeule, qui le plus souvent leur transmet son carreau à broder. Cela ce passe ainsi dans la Normandie, l'Auvergne, la Flandre, la Picardie, la Lorraine, en tout une vingtaine de départements, dont celui de la Haute-Loire et celui du Calvados comptent le personnel le plus nombreux. A elle seule, la dentelle d'Auvergne (au Puy et dans les montagnes voisines) occupe de 130 à 140,000 ouvrières, et la dentelle de Normandie près de 100,000. Le nombre total des dentellières de France est d'environ 300,000.

Chaque espèce de dentelle est généralement spéciale à une localité déterminée. Si vous demandiez aux dentellières d'Auvergne de faire le point des dentellières d'Alençon, elles seraient aussi novices dans ce travail que des femmes qui n'auraient jamais manié un écheveau de fil.

Les genres nouveaux sont au nombre de 6 ou 7, en tête desquels nous placerons le *point d'Alençon,* qui figurait d'une manière si brillante à l'Exposition universelle, et qui constitue sans contredit la plus magnifique dentelle du monde entier, en même temps qu'elle est la plus chère. Il n'y a plus aucune autre dentelle en France, assure M. Audiganne, qui soit fabriquée en fil de lin ; toutes les autres sont aujourd'hui en fil de coton. Ajoutons que le point d'Alençon exige des soins beaucoup plus minutieux qu'aucun autre. Il faut entourer chacun des jours du tissu avec du crin. Au lieu d'avoir des fuseaux chargés de fil et un carreau comme les autres dentellières, les ouvrières d'Alençon n'ont pour outil qu'une aiguille et une petite pince. Leur ouvrage, qu'elles peuvent exécuter debout ou assises, même en marchant, est étendu sur une feuille de parchemin.

Les *dentelles de Caen et de Bayeux* forment une deuxième division dans l'industrie qui nous occupe. On peut y rattacher aussi la *dentelle noire de Chantilly*; car les ouvrières du Calvados se sont approprié le genre de cette dernière fabrique, qui conserve cependant sa vieille réputation pour les articles de grand luxe. Les dentellières de ces deux villes confectionnent la dentelle blanche aussi bien que la dentelle noire; Bayeux, où s'est introduit le point d'Alençon, possède même la spécialité des grandes pièces en fil de lin; telles que les robes, les aubes, les châles, etc. La ville de Caen et la campagne environnante ont principalement pour domaine les dentelles et les blondes de soie, qui ont remplacé les anciennes dentelles noires et blanches en fil de lin.

Viennent ensuite les *dentelles de Valenciennes*, dont le siége principal est à Bailleul (Nord) et non plus à Valenciennes; c'est du reste un genre qui fleurit bien plus en Belgique que de ce côté-ci de la frontière. Viennent après cela les *dentelles de Flandre et de Picardie*, dont la fabrication a pour centre les deux villes de Lille et d'Arras; puis les *dentelles des Vosges* qui règnent surtout à Mirecourt, et enfin les *dentelles du Puy* et de l'Auvergne, qui sont les plus anciennes de France, et qui, comme nous l'avons dit, occupent un personnel plus nombreux qu'aucune variété du même groupe. Après avoir été longtemps renfermée dans le cercle d'articles très communs, la fabrique du Puy s'est tout à coup réveillée de son engourdissement, et elle se montre aujourd'hui des plus actives et des plus entreprenantes.

Quoique l'industrie du lin soit très ancienne en Europe, il s'en faut beaucoup que les produits en soient aussi importants et aussi variés que ceux du coton. La nature particulière des fibres de cette matière textile a opposé de beaucoup plus grands obstacles que le coton à l'emploi des machines. Aussi, quoique l'inventeur de la fileuse mécanique soit un Français, M. Phil. de Girard, cette invention a surtout profité aux Anglais, qui fabriquent par ces procédés nouveaux dix fois plus d'étoffes de lin que nous n'en fabriquons nous-mêmes. Grâce aux encouragements d'une société patronée par la reine, pour la culture et la préparation du lin, cette production, qui n'occupait en Irlande que quelques milliers d'acres, s'y étend aujourd'hui sur plus de 100,000.

Le pays qui, proportionnellement à son étendue, marche au premier rang pour la filature et le tissage du lin, c'est, avons-nous dit, la Belgique, où le filage se fait encore en grande partie à la main. Au point de vue de la valeur des produits, la Grande-Bretagne et la France sont à peu près sur la même ligne ; mais tandis que chez nous le travail de la filature se fait généralement à la main (car nous ne comptons encore que 300 à 350,000 broches fonctionnant à la mécanique), les Anglais comptent actuellement plus de 1,500,000 broches en mouvement, et ils exportent aujourd'hui du lin pour plus de 20 millions de francs par an. Toutes les nations, l'Allemagne, la Russie, les Etats-Unis, l'Espagne, ont été entraînées bon gré mal gré dans ce même mouvement, et la Suisse, l'une des dernières venues, n'est pas une de celles qui se distinguent le moins, particulièrement dans le tissage des articles façonnés.

XVI

Les laines et les draps.

La *laine* est, après le coton, la matière industrielle qui produit les valeurs les plus considérables : environ 3 *milliards ou 3 1/2 milliards de francs par an.* On en voyait à l'Exposition des échantillons de tous les pays et de toutes les variétés et espèces, jusqu'à des *moutons empaillés* et couverts de leur toison, donnant une idée aussi exacte que possible de l'aspect, de la taille et du genre de laine de toutes les races ovines ayant quelque réputation. A côté de ces toisons de laine brute se trouvaient des *laines lavées*, des *laines filées*, et enfin, toutes sortes d'*étoffes* et de *tissus* formés de cette substance, soit pure, soit mélangée : *couvertures, draps, tapis, étoffes pour nouveautés, châles, cachemires,* etc. On pouvait de cette manière suivre l'histoire complète des transformations successives que peut subir la matière première, avant de donner naissance à tant de produits aussi variés que beaux.

Les tissus indiens ou de Cachemire tenaient évidemment le premier rang : les dessins et les couleurs de l'Orient ont un cachet d'originalité qui ne saurait être contesté. Après eux, ce sont les fabricants français imitant le genre de l'Inde qui ont obtenu les plus beaux succès. Les châles cachemires français, qui coûtent de 2,400 à 3,000, rarement 4,000 francs, arrivent à peine au quart du prix des châles de l'Inde, dont les plus riches sont fabriqués à Sreenugor (province de Cachemire) ou à Lahore. Le cachemire n'est pour ainsi dire pas de la laine; c'est un duvet, une espèce de poil doux et soyeux, qui croît sur la poitrine des chèvres d'une race particulière à l'Himalaya et au Thibet, et qu'on a vainement tenté d'acclimater dans notre pays. Cette sorte de laine nous arrive généralement à travers les steppes de la Russie d'Asie et par l'intermédiaire des peuplades tartares. Presque tous les convois se concentrent à la célèbre foire de Nijni-Nowogorod, au centre de la Russie, sur le Volga. Le cachemire se répand ensuite sur les marchés de Moscou et de Saint-Pétersbourg, d'où il est presque tout expédié en France. Rendue à sa destination, battue, épluchée, peignée, et enfin filée, cette matière qui, au point de départ, se vendait environ 6 francs le kilogramme, se trouve portée ordinairement à 50, 60 et 75 francs, selon la finesse du fil que l'on a obtenu.

Les laines exposées au Palais de l'Industrie formaient trois groupes distincts : les *laines longues* de l'Angleterre, les *laines courtes* de l'Allemagne, les laines intermédiaires de la France.

Les laines anglaises, comprenant une centaine d'échantillons, étaient généralement toutes des laines longues. Pour l'éleveur anglais, la production de la viande étant le principal, et la laine n'étant que l'accessoire, tous les soins donnés à la formation du mouton de boucherie nuisent à la finesse de la laine, et ont pour conséquence l'allongement du brin. En un siècle, ils ont doublé le nombre de leurs moutons (40 millions de têtes actuellement), qui leur donnent deux fois plus de viande que les nôtres et qui peuvent être tués à un âge deux fois moins avancé. Quant aux laines courtes qui leur sont nécessaires, ils les tirent de leurs vastes colonies d'Australie, de Van-Diémen et du Cap de Bonne-Espérance, où les moutons mérinos se sont tellement multipliés qu'à l'heure qu'il est les fabricants anglais pourraient presque se contenter de la laine fine qu'ils tirent de leurs colonies. Ainsi, la quantité de laine que l'Angleterre demande aujourd'hui à l'Espagne est trente fois plus faible qu'elle n'était au commencement du siècle, et l'importation allemande est diminuée des deux tiers.

En France, sur une surface presque double de celle du sol anglais, nous n'élevons que 40 millions de têtes de moutons, nombre égal à celui que possède l'Angleterre; d'un autre côté, la quantité de laine produite est beaucoup moindre, et nos laines communes, qui forment les trois quarts environ de la production totale, sont très inférieures aux laines longues anglaises. En revanche, nos fines laines mérinos ne sont inférieures qu'aux laines de l'Allemagne, et peuvent servir à la confection de fort beaux draps; ce n'est que pour les plus fins que nous sommes nécessairement tributaires de la Saxe, de la Silésie et des autres contrées de l'Allemagne, où, par des soins

constants et bien entendus, et en sacrifiant
la viande à la laine, on est arrivé à donner à
la toison des mérinos une régularité et une
finesse qu'elle n'a jamais présentées nulle part
ailleurs. En effet, en comparant les belles laines
d'Espagne à ces laines allemandes, dont l'origine est pourtant espagnole, on sent de com-
bien l'agriculture est restée en arrière de
l'autre côté des Pyrénées. Sauf de rares ex-
ceptions, elles sont trop dures et trop communes pour être employées à la fabrication
des draps de quelque prix, et maintenant c'est
dans la Saxe que le gouvernement espagnol
fait chercher les béliers mérinos à l'aide desquels il voudrait relever l'ancienne réputation
de sa race ovine. En agriculture, comme dans
toutes les autres branches du travail humain,
le progrès n'est possible qu'à la condition
d'efforts soutenus et intelligents, et nous de-
vrions y bien prendre garde si, comme des
fabricants l'affirment, nos belles laines mérinos
de la Beauce, de la Brie et du Vexin perdent
réellement d'année en année sous le rapport
de la qualité.

C'est de la finesse de la laine que dépend la
qualité des fils. Pour les étoffes de nouveauté

d'été, on peut convertir un kilogramme de laine en un fil de 50 à 60,000 kilomètres de long. Pour les draps ordinaires, on se contente en général de 10 à 20,000 mètres par kilogramme.

La laine fait donc en grande partie le mérite du drap : le tissu, en effet, sera fin et serré si la laine est fine et de bonne qualité; il sera gros et commun dans le cas contraire. De là, pour les manufactures qui veulent faire des draps de diverses qualités, la nécessité d'employer des laines de provenances diverses. En Espagne et en Portugal, tout aussi bien qu'en Angleterre, en Belgique et en France, ce sont les laines d'Allemagne seules qui sont employées à la fabrication des draps fins. Pour les draps ordinaires ou communs, chacun met ordinairement en œuvre la laine qu'il a sous la main. Nos fabriques du Nord et de l'Ouest emploient pour la confection de leurs draps demi-fins les laines de la Beauce, de la Brie et du Vexin; les fabriques du Centre les laines du Berry et du Poitou, mélangées avec quelques autres; celles du Midi, les laines communes, avec lesquelles elles font leurs draps à bon marché.

Une fois qu'il est tissé, le drap exige encore

un bon nombre de préparations. Ainsi, il faut que la laine soit couchée à l'*endroit,* en exposant la surface du drap, préalablement mouillée, à l'action de chardons naturels ou de peignes métalliques convenablement disposés. En général, on emploie de préférence les chardons naturels connus sous le nom de *chardons de bonnetiers, chardons à fouler,* etc. ; on les cultive pour cet usage dans le voisinage de presque toutes les villes de fabrique. —Après cela, il s'agit de tondre le duvet laissé au drap, comme aux couvertures de laine, par l'action des chardons. Cette opération se fait maintenant à la mécanique. Une nouvelle machine, l'*apprêteuse,* qui dispense de mouiller et de sécher alternativement le drap ou d'attendre le retour d'un temps sec pour le tondage, exécute actuellement ces deux opérations du *lainage* et du *tondage,* ou, comme on dit, des *apprêts.*

Nos beaux draps fins de Sedan et d'Elbeuf l'emportent sur ceux des autres nations pour la finesse, la perfection du tissu et la couleur; nos étoffes pour nouveautés se distinguent également pour l'élégance et le bon goût des dessins; mais l'Autriche, la Prusse, la Belgique, et même l'Angleterre, nous laissent bien loin en arrière sous le rapport du bon marché. Nos draps sont chers, et cela leur nuit considérablement sur les marchés étrangers, où ils ne peuvent soutenir la concurrence qui leur est faite.

XVII

Les soieries et la production de la soie.

Les soieries, et en particulier celles de la ville de Lyon, formaient incontestablement l'une des parties les plus brillantes et les plus admirées de l'Exposition de 1855. Il est impossible, à moins de l'avoir vue, de se figurer à quel degré de magnificence et d'éclat cette industrie a pu être portée, jusqu'à quel point la richesse de la matière peut être encore rehaussée par la perfection du travail. Quelle splendeur dans ces velours, dans ces satins, dans ces brocarts, dans ces moires de toutes nuances, dans ces taffetas, dans ces foulards, dans ces crêpes, dans ces rubans splendides de Saint-Étienne, la succursale de Lyon; dans ces draps d'or brochés de bouquets de soie, dans ces peluches pour chapeaux d'hommes, dont la ville de Tarare, près de Lyon, exporte à elle seule pour une valeur de 6 millions de francs par an ! Que d'efforts, que de soins, que de précautions pour arriver à une exécution aussi perfectionnée, aussi irréprochable ! Quel travail opiniâtre aussi et quelles privations de la part des ouvriers à qui nous devons tant de merveilles !

Cette brillante et fructueuse industrie, dans laquelle la France tient évidemment le premier rang, grâce surtout au bon goût inné et aux instincts d'élégance de ses dessinateurs et artistes, est devenue de nos jours l'objet de l'émulation universelle, et un grand nombre de nations ont tenu à honneur de nous faire connaître leurs plus remarquables produits. L'Angleterre, qui nous menace d'une concurrence sérieuse dans certains genres ; la Suisse et la Prusse, qui déjà l'emportent pour plusieurs tissus simples et unis ; l'Italie, l'Espagne, la Turquie, l'Inde, et enfin la Chine, nous ont exposé de fort intéressants échantillons de leur travail. Et ce ne sont pas seulement des soieries que l'Exposition nous a fait admirer en abondance ; elle renfermait en outre tous les éléments qui se rattachent à ce genre d'industrie : les œufs ou la graine du ver à soie, les cocons, les soies grèges et moulinées, les déchets et les bourres, etc., de manière à nous présenter réunis tous les matériaux de l'intéressante histoire du petit animal qui est le véritable artisan de la production de la soie.

Longtemps sans doute le ver auquel est due cette belle substance demeura à l'état sauvage, tissant ses cocons sur les mûriers et sur d'autres arbres sans que l'homme y fît attention. Aujourd'hui encore ces vers à soie sauvages se retrouvent en Chine sur une sorte de poivrier qui abonde dans la province de Canton. La soie qu'on en tire est dure, mais solide, et les tissus qu'on en obtient peuvent se laver comme du linge. On ne peut préciser à quelle époque le ver ordinaire devint en Chine l'objet de soins particuliers; toutefois, nous savons que vingt-six siècles avant notre ère on y cultivait le mûrier, on y filait le cocon et on y tissait la matière qui en provient. De la Chine, cette industrie passa dans l'Inde, puis dans la Perse, où elle reçut des perfectionnements tout nouveaux. Mais si ces étoffes étaient déjà remarquablement belles, elles se vendaient encore à des prix excessivement élevés, au point qu'un empereur romain, Aurélien, refusa pour ce motif d'en donner une robe à l'impératrice, sa femme. Mais au sixième siècle, sous l'empereur Justinien, deux moines grecs, arrivant des Indes, introduisirent à Constantinople, avec des œufs de ver à soie, l'art de les élever et d'en tisser les produits. Ce voyage, s'il faut en croire la chronique, ne s'accomplit ni sans précautions ni sans difficultés : l'Asie défendait son secret, et pour dérober aux regards une proie si enviée, il fallut la cacher dans des bambous creux, et même la nourrir en chemin. De la Grèce, cette industrie se répandit de proche en proche en Sicile, en Italie et dans tout l'Occident.

Le ver qui produit la meilleure qualité de soie est celui qui est nourri avec les feuilles du *mûrier blanc* ou *mûrier de Chine*, dans toutes ses variétés ; mais le mûrier des plaines, venu sur des terres grasses et fertiles, est inférieur comme aliment au mûrier des plateaux, qui croît dans un sol sec et léger. C'est ce qui donne aux soies des Cévennes une supériorité incontestable, et leur assure la préférence, même à des prix plus élevés.

« Rien de plus attrayant, dit M. Reynaud (*Revue des Deux-Mondes*), que l'aspect des villages cévenols au moment de la formation de la soie. Il y règne une activité, une ardeur dont aucune autre branche de l'art agricole ne saurait donner une idée. Six semaines seulement séparent l'éclosion du ver de la récolte des cocons; mais comme elles sont bien remplies, les dernières principalement! Vers le milieu d'avril, la besogne commence; elle cesse vers la fin de juin. Dans cet intervalle, la population est constamment sur pied; point de limites fixes pour les journées; à peine songe-t-on au sommeil et au repos. On dîne debout, presque toujours avec des vivres froids, les femmes étant trop occupées pour veiller à leur cuisine; l'essentiel, c'est que le ver ne souffre pas, qu'il ait des aliments frais quatre fois par jour, ainsi que les soins de propreté qui lui sont indispensables. A ces opérations variées, tous les bras du ménage, forts ou faibles, doivent concourir et trouver un emploi largement rétribué. Les jeunes garçons aident à cueillir les feuilles; les jeunes filles aident leurs mères dans les soins à donner aux vers. On dirait que le pays tout entier ne vit et ne respire que pour ces petits animaux; c'est une véritable fièvre, dont les citadins eux-mêmes ne sont pas entièrement affranchis, car les affaires se ressentent partout de la grande préoccupation du moment. »

Les vers à soie, dont il a été compté jusqu'à 30 familles, vivent à peine 50 jours, et, durant cette courte existence, ils passent rapidement à travers les plus merveilleuses métamorphoses. Ces insectes sortent au printemps d'œufs extrêmement petits, qu'on a eu soin d'exposer à un même degré de chaleur, afin que l'éclosion de tous ces œufs se fasse en même temps. Le ver est d'abord très imparfait, privé du sens de la vue, et n'ayant d'autre instinct que celui de reconnaître les feuilles de mûrier, dont il se nourrit avec voracité, et de distinguer celles qui sont fraîchement cueillies de celles qui sont flétries ou desséchées. Il se développe rapidement; mais il réclame des soins constants et minutieux. Plusieurs fois il change de peau; enfin arrive le moment où l'appareil soyeux que le ver recèle dans son intérieur, va distiller la matière gommeuse qu'il contient. L'animal fait sortir de son corps un fil d'une finesse extrême, long de 800 à 1,500 mètres, dont les deux tiers seulement sont susceptibles d'être dévidés. Cette opération prend à peu

près quatre jours d'un travail continu, et abou-
tit à la formation d'un *cocon* ou enveloppe de
fils soyeux, dans laquelle, à peine âgée de
- 28 jours, la chenille s'enferme pour mourir,
ou du moins pour se transformer en *nymphe*
ou *chrysalide*. Quinze ou vingt jours après,
devenu *papillon* (de l'espèce des papillons de
nuit), l'animal quitte sa demeure, où il laisse
sa double dépouille de larve (ou chenille) et
de nymphe, et meurt au bout de huit à dix
jours, qu'il passe sans prendre de nourriture,
sans même essayer ses ailes brillantes. Aussitôt que la femelle a déposé ses œufs, dont le
nombre varie de 300 à 700, et qui écloront à
leur tour l'année suivante, la génération présente se dessèche et dépérit en deux ou trois
jours. Mais on ne laisse arriver qu'un petit
nombre de vers à l'état de papillon, parce que
ceux-ci, pour sortir du cocon, brisent et en-
dommagent le tissu soyeux : la plus grande
partie des chrysalides sont donc étouffées
dans leur prison au moyen d'une forte chaleur.

Les fils dont se compose cette enveloppe
soyeuse sont si ténus que, pour les utiliser
dans ce qu'on appelle bien mal à propos des

filatures de soie, il faut nécessairement joindre deux, trois, quatre, jusqu'à douze fils ensemble, suivant la grosseur qu'on veut donner à la soie. Les cocons sont plongés dans des bassins d'eau chaude, où on les bat quelques instants avec un petit balai de bruyère, pour décoller les filaments et les enrouler ensuite sur des dévidoirs. Depuis quelques années cependant, les petits ateliers domestiques pour le dévidage de la soie ont généralement fait place partout à de vastes usines, où la vapeur met en mouvement plusieurs centaines de bassines et autant de dévidoirs, et dans lesquelles on apporte presque tous les cocons de la contrée environnante. Mais l'emploi des machines, au lieu de supprimer le rude labeur de l'homme, l'a augmenté en le modifiant. On occupe aujourd'hui plus de bras dans ces vastes usines qu'on n'en occupait dans les mille petits ateliers d'autrefois. Seulement le travail a changé de nature : les femmes et les jeunes filles qui tournaient la roue du dévidoir ont passé à la filature, au lieu de 1 franc elles gagnent aujourd'hui 1 franc 50 centimes.

Au sortir de la filature, la soie doit passer

par l'*ouvraison* ou le *moulinage*, opération qui consiste à réunir plusieurs fils de soie grége en un seul, à les tordre et à les mettre en écheveaux; quand ils ont subi cette préparation, ils changent de nom et s'appellent des *organsins*. La difficulté principale consiste à éviter la rupture des fils, et à les rattacher adroitement quand ils viennent à se briser. En France, le siége principal de cette industrie est dans l'ancien Vivarais, actuellement département de l'Ardèche, où de nombreuses chutes d'eau facilitent l'établissement d'usines de tout genre, et qui se trouve placé à égale distance entre les pays producteurs de la soie : le Gard, Vaucluse, la Drôme, et la grande cité industrielle qui en fait la plus vaste consommation, la ville de Lyon.

L'éducation du ver à soie, appelé aussi *magnan* et *bombyx*, est extrêmement chanceuse et difficile ; mais elle donne cependant en définitive d'assez beaux profits. Les établissements qui y sont consacrés portent le nom de *magnaneries*. Ils doivent être vastes, propres, bien aérés, tenus à une température uniforme. Il faut que les jeunes chenilles y trouvent en abondance des feuilles fraîches sans être humides, et plus tard des rameaux secs pour y suspendre leurs cocons. Malgré toutes ces précautions, les bombyx sont exposés à un grand nombre de maladies, qui les font périr par milliers, au grand chagrin de l'éleveur. Une once d'œufs, ou, comme on s'exprime improprement, de *graine*, produit en moyenne 40 kilogrammes de cocons, et 3 kilogrammes seulement de soie.

La France est, après l'Italie, la contrée de l'Europe qui fournit le plus de soie. Notre agriculture en produit pour environ 250 millions de francs; c'est un peu plus de la moitié de la soie que nos fabriques transforment en tissus magnifiques, dont les deux cinquièmes sont exportés en pays étrangers. On ne cesse de perfectionner les procédés pour la production de la soie, de même que ceux qui se rapportent à l'art de la transformer en étoffes brillantes. C'est ainsi qu'on s'occupe en ce moment des moyens d'acclimater diverses variétés de vers, originaires de l'Inde ou de la Chine, et qui, moins délicats que le bombyx du mûrier, pourraient, assure-t-on, être nourris de feuilles de ricin, de feuilles de chêne, et même de celles des choux de nos jardins.

Un avenir très prochain nous montrera si ces essais doivent aboutir à une production beaucoup plus considérable de soie, et par conséquent à une baisse notable dans les prix.

XVIII

Une locomotive en ivoire sculpté.

Parmi les divers chefs-d'œuvre de patience et d'art qui se sont montrés à nous pendant la durée de l'Exposition, nous avons admiré particulièrement toute une locomotive à vapeur, avec ses roues, sa machine, ses cheminées, délicieux travail pour lequel on dirait que la matière s'est assouplie, afin de se contourner et de se laisser plus facilement tailler. C'était vraiment une petite merveille, dans laquelle tous les détails étaient également fins et gracieux. Les deux grandes roues ont dû surtout présenter de vraies difficultés à vaincre; elles sont en effet cannelées sur leur surface extérieure, et chaque cannelure est formée d'un tube cylindrique percé à jour dans sa longueur et séparé des autres. Tout le reste est traité avec non moins de soins, et l'ensemble présente un charmant effet.

L'auteur de ce prodige d'adresse exposait encore une colonne d'ivoire semblable à la jolie tourelle connue dans le parc de Saint-Cloud sous le nom de *lanterne de Diogène*; elle servait de support à un baromètre suspendu au centre du petit monument. — Un autre exposant avait entouré deux miroirs à toilette, ovales, de guirlandes d'un travail inimaginable : l'une composée de feuilles de vigne et de raisins; l'autre formée de roses, de marguerites, de muguets, si bien rendus, si distincts, qu'il était impossible de s'y tromper. Enfin, l'exposition suisse présentait, dans le genre qui nous occupe, plusieurs chefs-d'œuvre de patience et d'art, entre autres des tableaux ravissants, représentant des vues des Alpes, avec des sapins, des chalets, des animaux et des hommes, le tout découpé en relief, avec une finesse, une grâce et une perfection admirables, et reproduisant jusqu'aux plus minutieux détails.

L'Inde avait exposé en ivoire des choses fort curieuses : des chevaux traînant au pas de course des chars immenses; douze hommes portant un palanquin, dans l'intérieur duquel une femme était couchée; deux longues embarcations montées d'un nombreux équipage de rameurs, avec un dais, sous lequel reposaient le maître et sa jeune épouse ; enfin, des éléphants, des dieux à 4 et à 8 bras, etc.

Mais la plupart de mes jeunes lecteurs ignorent ce que c'est que l'ivoire, et désirent que nous en parlions avec quelques détails. L'ivoire est la substance osseuse qui constitue les défenses ou dents d'éléphant. Comme elle est susceptible de recevoir un très beau poli, on l'emploie pour faire une foule d'ouvrages délicatement sculptés : des statuettes, des éventails, des couteaux à papier, des dents artificielles, toutes sortes de joujoux et d'ornements d'une délicatesse extrème. Cette industrie fait depuis des siècles la spécialité de la ville de Dieppe, dont les hardis navigateurs s'en allaient secrètement prendre des cargaisons d'ivoire sur les côtes de Guinée, bien avant que les Portugais fissent la découverte de ce pays. Aujourd'hui cependant le travail de l'ivoire est vivement disputé à Dieppe par la ville de Paris.

Les défenses d'ivoire brut sont connues sous le nom de *morfil*. On en trouve d'énormes, qui ont jusqu'à 8 et 9 pieds de longueur, et pèsent jusqu'à 150 livres. La plupart des dents d'éléphants viennent d'Afrique, surtout de la côte de Guinée; il en arrive aussi du cap de Bonne-Espérance, des Indes orientales, de l'Indo-Chine et de l'île de Ceylan. Le morfil diffère de blancheur, de dureté, de facilité à se polir, selon le pays d'où il vient, c'est-à-dire selon la race d'éléphants qui l'a donné. Il est blanc et tend à jaunir, s'il vient de l'Inde; il est rosé et tendre, s'il vient particulièrement de Ceylan; Siam en donne aussi de fort beau. Il est blanc, verdâtre, fin et lourd, s'il est fourni par les éléphants aux longues défenses de la côte de Guinée; c'est le plus estimé de tous; il blanchit en vieillissant, tandis que tous les autres jaunissent.

Une autre espèce de morfil, dont l'origine est bien étrange et encore entourée de mystère, c'est celui qui se trouve au nord de la Sibérie, enfoui dans la terre et formant des couches plus ou moins épaisses, dans lesquelles il est mélangé avec toutes sortes d'ossements d'animaux, presque tous gigantesques, dont plusieurs ne se rencontrent plus à la surface de notre globe, et dont les autres sont d'espèces inconnues se rapportant à des genres, tels que les rhinocéros et les éléphants, qui n'existent plus maintenant que dans les contrées les plus chaudes. D'où peut provenir cette masse d'ossements dans ces îles et parages glacés de l'Asie la plus septentrionale? Dira-t-on que ce sont des débris d'animaux qui vivaient avant le déluge, et qu'un grand bouleversement de ce genre a détruits et entassés dans ces lointaines régions? Mais quelques-uns de ces animaux, rhinocéros, éléphants, ont été retrouvés à l'époque actuelle (en 1770 et 1800), pris et gelés dans les glaces, et encore si bien conservés que des chiens, en les découvrant, se sont précipités sur ces cadavres pour les dévorer. De plus, ces animaux étaient couverts d'une fourrure épaisse et soyeuse, assez abondante pour les préserver du froid, et qui montre qu'ils avaient été organisés pour vivre dans les régions où on les a trouvés. — Et si ce n'est pas un grand bouleversement comme le déluge qui a poussé et accumulé dans le nord de la Sibérie ces masses d'ossements, comment expliquer la présence d'une quantité de débris aussi considérable; comment surtout expliquer la présence des restes de *mammouths* (genre d'éléphants fossiles plus grands que les éléphants actuels, dont ils diffèrent légèrement), et de tant d'autres animaux qui sont tous bien antérieurs au déluge ?

Quoi qu'il en soit de cette difficile question, les fouilles pratiquées depuis longtemps dans les petites îles de la Nouvelle-Sibérie et sur diverses parties du continent lui-même, ont amené la découverte d'une très grande quantité *d'ivoire fossile*, parfaitement conservé, très fin et lourd, et qui est livré au commerce sous le nom *d'ivoire vert*, parce qu'il est d'une couleur blanche légèrement verdâtre. On l'emploie aux mêmes usages que l'ivoire des éléphants actuels. Parfois ces défenses de mammouths sont gigantesques : on en cite qui avaient plus de 12 pieds de longueur.

Une troisième espèce de morfil, ce sont les défenses du *morse,* grandes dents de un à deux pieds de longueur et dirigées du haut en bas, qui protègent la mâchoire supérieure d'une grande espèce de phoque longue de 12 à 15 pieds; les dents du *narval*, longues de 6 à 9 pieds; droites, sillonnées en spirale, placées à l'extrémité de la mâchoire supérieure d'un animal presque aussi grand que le précédent;

enfin, les dents d'*hippopotame*, qui présentent aussi un bel ivoire et sont employées à fabriquer des dents artificielles.

Une quatrième espèce d'ivoire qui diffère tout à fait des autres, c'est l'*ivoire végétal*, appelé aussi *noix de Tagua*, et qui est le fruit du *phylétéphas* des botanistes. Ce fruit, d'une extrême blancheur, durcit extrêmement après avoir été cueilli, et l'on peut en confectionner une foule d'objets extrêmement élégants; seulement, ces fruits sont de dimensions trop restreintes pour acquérir jamais une grande importance commerciale, et cet ivoire a le sensible inconvénient de se ramollir sous l'influence de la chaleur. L'industrie de Saint-Claude (montagnes du Jura), cette grande tailleuse de buis, de bois, de corne et d'os, s'est emparée de cet ivoire facile à couper; elle en fait des cassolettes en forme de poires, et toutes sortes de petits objets de fantaisie.

Chacun connaît la dureté de l'ivoire; néanmoins on a maintenant des machines qui le découpent avec la plus grande précision. De plus, on est parvenu, grâce à la mécanique, à dérouler la défense de l'éléphant, après l'avoir fendue dans le sens de sa longueur, et à l'utiliser tout entière; c'est ainsi qu'on a pu exposer une feuille d'ivoire, mécaniquement déroulée, et qui n'avait pas moins de 6 pieds de long sur environ 2. de large. Enfin, on est parvenu depuis quelques années à fondre l'ivoire et à le réduire en une pâte liquide qu'on peut couler sur des bas-reliefs et des sculptures de toutes dimensions, de manière à reproduire le modèle avec une parfaite exactitude et dans ses détails les plus délicats. C'est ainsi qu'on vient de reproduire en ivoire liquéfié et avec le plus grand succès, les belles boiseries sculptées du chœur de l'église de Notre-Dame, à Paris. Cette invention pourra certainement rendre dans la suite de grands services.

XIX

Mystérieuse origine des nids dont se régalent les Chinois.

Parmi les nombreux trophées exposant les produits divers des nations lointaines ou des colonies européennes établies dans d'autres parties du monde, il n'en est guère qui m'aient intéressé à un aussi haut degré que celui de Java et des autres possessions hollandaises dans la mer des Indes. On y voyait étalées en effet les productions les plus remarquables et les plus diverses, dont quelques-unes même ne se rencontraient nulle part ailleurs. Ici des tonneaux de noix muscades, avec ou sans leur macis; là, des clous de girofle arrangés de manière à former des corbeilles ou des cassettes fort originales; plus loin, c'était de la cochenille, du fil d'ananas, des racines de gingembre, des bottes ou plutôt des fagots d'écorce de cannelle, d'énormes coquillages aux plus splendides couleurs, du café, du sucre toutes sortes de variétés de thé, des blocs de gomme élastique et de gutta-percha, du benjoin et d'autres racines odoriférantes ; du sandal et autres bois précieux, du tripang, ces vers de mer si recherchés des Chinois, et bien d'autres choses dignes d'intérêt et capables de retenir longtemps les visiteurs désireux de s'instruire.

Mais la merveille que nous avons remarquée entre toutes, et sur laquelle une discussion savante, au sein même de l'Académie des sciences, a attiré récemment l'attention publique, c'étaient des *nids* de la petite hirondelle de mer connue sous le nom de *salangane*, nids qui sont le mets de prédilection des gourmets chinois, et qui passent pour avoir des propriétés merveilleuses à l'effet de restaurer les constitutions affaiblies ou épuisées.

On recueille ces nids dans les diverses îles situées au nord de l'Australie, et surtout à Java. Les salanganes ou *alcyons* les construisent pour l'ordinaire dans les cavernes qui bordent le rivage, et ce n'est le plus souvent qu'au péril de leur vie, et en rampant avec peine dans les fentes des rochers ou au fond de sombres excavations, que de pauvres malheureux Chinois parviennent à se procurer ce produit renommé ; encore faut-il qu'ils réussissent à les enlever avant que les petits alcyons soient éclos : sans cela les nids n'auraient presque pas de valeur. Ils se vendent habituellement environ 150 francs le kilogramme à Java ; mais, transportés en Chine, ils acquièrent un prix beaucoup plus considérable. On prétend qu'il s'en exporte dans ce pays pour environ 12 millions par an.

Jusqu'à ce jour, Cuvier et les naturalistes les plus éminents avaient cru que ces nids étaient essentiellement formés d'algues marines très délicates, plantes que l'oiseau réduisait en une pâte visqueuse ou gelée, qui, en se durcissant, constituait son nid. Mais en étudiant plus attentivement quelques fragments de cette matière, qui lui avaient été donnés par un des exposants de Java, un savant, M. Trécul, a été conduit à reconnaître que l'opinion de Cuvier et des naturalistes était complétement erronée, et qu'il fallait plutôt donner raison à celle des pêcheurs du pays, qui prétendent que ces nids sont essentiellement formés d'une humeur visqueuse particulière, qui coule spontanément du bec des hirondelles à l'époque où elles doivent pondre leurs œufs. Ce qui est certain, c'est qu'on n'y a pas aperçu vestige de ces algues ni d'aucune autre matière végétale; et quand on les a exposés à la chaleur ils n'ont produit que des vapeurs ammoniacales, signe évident de la présence de matières purement animales. Un autre argument à l'appui de l'opinion des pêcheurs javanais, c'est que, dans nos propres climats, les *martinets noirs,* fort analogues aux alcyons ou salanganes de l'Orient, émettent également par le bec un fluide visqueux qu'ils font servir à l'édification de leurs nids.

Voilà certainement une révolution étrange dans la manière d'envisager un produit déjà par lui-même assez merveilleux. L'avenir nous apprendra si c'est bien là le dernier mot de la science sur ce sujet intéressant. En attendant, nous laisserons, j'espère, les Chinois se livrer seuls à ce genre de luxe ridicule, et nous nous contenterons de mets plus simples au milieu de cette variété infinie de produits que la bonne Providence a mis à moins de frais à notre disposition, nous souvenant que la simplicité et la sobriété dans l'alimentation doivent être les dispositions habituelles de tout homme qui comprend le sérieux de la vie et qui désire faire un bon usage des biens de Dieu.

XX

• Un nouveau fléau qui menace la France.

Au nombre des curiosités du Palais de l'Industrie, je dois signaler un singulier registre venant de la préfecture ou de l'arsenal de la Rochelle, et qui était complétement percé et rongé par les *termites*, ces insectes dont les mœurs industrieuses ressemblent si fort à celles des fourmis, qu'on les désigne le plus habituellement sous le nom de *fourmis blanches*, bien que ces deux espèces d'animaux soient distinctes et ne doivent pas être confondues les unes avec les autres. Bien peu de mes lecteurs savent, sans doute, que ces dangereux insectes, dont les ravages sont si redoutés dans les pays chauds, sont maintenant naturalisés sur un point de la France, et que jusqu'à ce jour les efforts de la science ont échoué pour les extirper. Importés probablement de Saint-Domingue, vers 1780, dans des caisses de marchandises, ils se sont répandus dans plusieurs des villes de la Charente-Inférieure, qui en sont infestées. A la Rochelle, ils sont établis à la préfecture et à l'arsenal, où ils rongent et minent tout, pratiquant leurs galeries souterraines (ou du moins couvertes) de la cave au grenier. Un jour, on trouva les archives du département rongées en entier, et cependant les insectes n'avaient pas laissé percer au dehors la moindre trace de dégât, respectant la feuille supérieure et le bord des feuillets, si bien qu'un carton qui n'est plus rempli que de débris informes, vous paraîtra renfermer des liasses de papiers en bon état. Des vapeurs de chlore semblent un moyen efficace pour la destruction de ces bêtes malfaisantes, mais ce remède ne paraît pas toujours facile à appliquer.

Dans les régions d'où les termites sont originaires, l'Afrique centrale et méridionale, l'Amérique intertropicale, le sud-est de l'Asie et l'Australie, ces animaux ont des habitudes, des mœurs et un genre de vie fort dignes d'attention et d'intérêt. Ils se construisent des huttes coniques, de 12 et même 15 pieds de hauteur, dimension énorme, si on la com-

pare à la taille de ces insectes; en effet, c'est
plus pour eux que ne serait pour nous un monument qui aurait 5 ou 6 fois la hauteur de
la plus grande des pyramides d'Egypte. Ces
huttes, construites en terre, sont si solides
qu'un homme peut y monter sans les écraser,
et lorsqu'elles sont réunies en grand nombre
sur le même point, de loin on les prendrait
pour les huttes d'un village d'indigènes. Et
l'intérieur de ces habitations n'est pas moins
remarquable que le dehors. Au centre est la
chambre du roi et de la reine ; tout autour sont
les nourriceries, où sont déposés les œufs et
les larves, et enfin les magasins, toujours bien
approvisionnés de gommes ou du suc épaissi
de certaines plantes. Les cloisons de ces diverses cellules sont, les unes en terre, les autres faites avec des parcelles de bois, unies
au moyen de gommes. Des galeries spacieuses
font communiquer ensemble les diverses parties de l'édifice, et s'étendent souvent assez
loin au dehors; car, chose remarquable! les
termites ne travaillent jamais à découvert,
mais toujours sous des galeries souterraines
plus ou moins longues.

Chaque communauté se compose d'individus qui présentent 5 différentes formes : des *mâles* et des *femelles*, pourvus d'ailes; des individus neutres qui en sont privés, et sont connus sous le nom de *soldats;* des *larves*, privées d'ailes et d'yeux, mais qui ressemblent aux mâles et aux femelles; et enfin les *nymphes*, qui ressemblent aux précédentes, mais qui présentent des rudiments d'ailes. Les individus de ces deux dernières catégories, désignés du surnom d'*ouvriers*, sont chargés de toutes les constructions et de tous les travaux, comme aussi d'apporter la nourriture aux autres habitants de la colonie et de soigner les œufs. Quant aux *soldats*, qui sont cent fois moins nombreux que les ouvriers, ce sont eux qui sont chargés de défendre la communauté. On les distingue à leur tête plus forte et plus allongée, et à leurs mandibules propres à percer leurs ennemis. Ce sont eux qui se présentent les premiers dès qu'on fait une brèche à l'habitation commune, et ils pincent les agresseurs avec tant d'acharnement qu'on leur arrache la partie inférieure du corps plutôt que de leur faire lâcher prise.

Pour ce qui est des *mâles* et des *femelles*, ou insectes parfaits, ils se distinguent par quatre ailes transparentes et une taille double de celle des soldats. Mais si leur existence semble plus brillante, elle est extrêmement courte et se termine le plus souvent d'une manière bien misérable. Dès la seconde journée, après que les nymphes, en prenant des ailes, se sont transformées en insectes parfaits, mâles et femelles s'envolent par myriades à l'approche de la nuit; mais le lendemain, le soleil venant à dessécher leurs ailes, ils tombent et deviennent la proie des oiseaux, des lézards et même des nègres, qui les font griller et leur trouvent un goût agréable. — Quelques couples de ces infortunés insectes, recueillis par des termites ouvriers, deviennent les rois et les reines de nouvelles communautés; on les enferme dans une cellule d'argile, autour de laquelle s'élèvent rapidement les constructions dont nous avons déjà parlé. Bientôt la reine, qui a acquis peu à peu une grosseur énorme, se met à pondre des œufs en nombre incroyable : plus de 80,000, dit-on, en une journée; ces œufs sont aussitôt portés dans des cellules où ils doivent éclore, et recevoir de la part des larves tous les soins que leur situation exige. — C'est du moins ce que nous racontent les voyageurs, dont les récits ont été peut-être quelque peu embellis par leur imagination.

Outre les *termites belliqueux* dont nous venons de parler, on distingue encore les *termites voyageurs*, à l'envahissement desquels souvent il n'est pas facile de résister : on cite un Européen qui, pour défendre son habitation, ne vit pas d'autre ressource que de semer de la poudre sur le chemin que suivaient ces insectes et d'y mettre le feu; il en fit sauter ainsi plusieurs millions, et alors l'arrière-garde, qui était à un quart de lieue de la tête de colonne, se décida à rebrousser chemin. Mais les plus malfaisants de tous sont les *termites destructeurs ;* ils s'avancent par-dessous les fondements d'une habitation, rongent et dévorent les pieux, les poutres, les planches, en travaillant toujours à l'intérieur, et sans que rien paraisse au dehors, jusqu'à ce que la pièce de bois, entièrement vidée, cède et se brise. Ainsi un édifice s'écroule parfois tout à coup, sans qu'il ait été possible de soupçonner le danger.

Tout dangereux qu'ils sont, ces insectes ne laissent pas de rendre à l'humanité quelques services, entre autres en faisant disparaître une quantité d'arbres morts qui, en pourrissant lentement, ne feraient qu'encombrer la surface du sol et y engendrer des miasmes. D'ailleurs, le Créateur, dans sa sagesse, a eu soin de mettre des bornes à la propagation de ces êtres dangereux. Les termites ont beaucoup d'ennemis : ils sont la proie d'une espèce de fourmis ordinaires, qui les poursuivent avec acharnement ; certaines peuplades nègres s'en nourrissent, comme nous l'avons dit, et enfin ils sont à peu près l'unique aliment des quadrupèdes de la famille nombreuse des édentés, et en particulier des pangolins, qui en font un très grand carnage.

XXI

La sangsuculture

ou l'éducation artificielle des sangsues.

Vous vous étonnez, mes chers amis, du titre étrange que je donne à ce chapitre, et cependant c'est le moins barbare de tous les noms que les savants ont donnés à l'industrie dont il s'agit. Oui, l'on cultive aujourd'hui les sangsues, comme on se livre à la culture du poisson (ce qui s'appelle *pisciculture*), manières de parler bien peu satisfaisantes pour désigner des procédés nouveaux imaginés depuis quelques années pour la reproduction artificielle de ces sortes d'animaux utiles.

M. Borne, propriétaire à Claire-Fontaine (Seine-et-Oise), avait exposé dans la galerie d'histoire naturelle du Palais de l'Industrie, des spécimens extrêmement curieux et intéressants de l'industrie dont nous nous occupons, et l'attention publique était vivement attirée par la vue de ses produits. On y remarquait, en effet, dans des bocaux, des sangsues à tous les degrés de grosseur et de développement, des cocons prêts à éclore, et enfin un fragment du terrain tourbeux dans lequel les éleveurs taillent des rigoles, soigneusement recouvertes de gazon, et qui, placées convenablement sur les bords des marais, doivent recevoir les cocons au moment de la ponte. Rien ne manquait à cette exposition, et l'on pouvait suivre pas à pas tous les progrès du petit animal depuis sa naissance jusqu'à son plein développement au moment de la vente.

Chacun de mes lecteurs connaît les sangsues, ainsi que les services qu'elles rendent lorsque, appliquées sur un membre où le sang afflue de manière à y causer une inflammation dangereuse, elles nous soulagent promptement du mal en enlevant la cause qui le produisait, au risque, il est vrai, de nous affaiblir parfois d'une manière fâcheuse.

Depuis 1813, époque où le fameux médecin parisien Broussais les mit à la mode, la consommation de ces annélides était devenue si considérable, qu'on n'en trouvait plus dans l'occident de l'Europe, et qu'il fallait les aller chercher au loin, au Maroc, en Hongrie, en Moldavie et en Valachie, et jusque dans l'Asie Mineure. En 1832, l'importation en France s'éleva à 57 1/2 millions de sangsues, pour une valeur de 1,724,610 francs; dès lors la consommation a un peu diminué; on l'estime à environ 40 millions d'individus; mais les prix sont encore très élevés, et c'est ce qui a donné naissance à l'industrie de la sangsuculture.

Un journalier des environs de Bordeaux, M. Béchade, s'étant aperçu que les marais où l'on a de tout temps pêché des sangsues indigènes renfermaient d'autant plus de ces animaux qu'on y faisait paitre plus de bestiaux, et notamment de chevaux, pensa que le sang de ces quadrupèdes exerçait une influence considérable sur la multiplication et le développement des sangsues. Pour s'en assurer, il afferma un marais moyennant une redevance qui, très minime dans l'origine, s'est élevée graduellement jusqu'à la somme de 30,000 fr., qu'elle dépasse même aujourd'hui.

Le promoteur de cette industrie, devenu millionnaire, a naturellement trouvé beaucoup d'imitateurs, de sorte qu'on évalue à environ 5,000 hectares l'étendue des *barrails* ou marais consacrés à cette industrie sur les bords de la Dordogne et de la Garonne, à Cubzac, Ludon, Blanquefort, Montferrand, Ambès, etc. , et l'on estime que cette industrie produit annuellement un mouvement commercial d'environ 40 millions de francs. Il en est résulté, il est vrai, des plaintes assez vives de la part des populations environnantes, qui voient avec peine se multiplier ces marais, sources d'exhalaisons d'autant plus malsaines que, pour que les cocons réussissent, il faut que les étangs, d'ailleurs toujours très peu profonds, soient desséchés du 15 juin au 15 août, époque de la plus grande chaleur.

Voici la marche généralement suivie dans cette industrie, actuellement introduite dans plusieurs autres régions de la France, et notamment dans le département de Seine-et-Oise.

Un marais est divisé en un certain nombre de **carrés** d'assez grandes dimensions. Ces carrés constituent autant de bassins où l'eau n'a guère que 30 à 40 centimètres de profondeur, car on a remarqué que les sangsues n'aiment ni les eaux trop profondes ni les eaux cou-

rantes : il leur faut des flaques d'eau tranquille.
De juin à octobre, les femelles déposent en
terre, hors de l'eau et dans des rigoles que les
éleveurs ont pratiquées exprès, jusqu'à 3 cocons d'une bourre grossière brun noirâtre,
moins gros que ceux du ver à soie et dans lesquels sont renfermés leurs œufs. Chacun de
ces cocons produit de petites sangsues, dont
le nombre varie de 10 à 31.

A peine né, l'animal s'enfonce dans la tourbe,
va chercher la couche d'eau, où il passe l'hiver
sans prendre aucune nourriture. C'est au
printemps seulement qu'il éprouve le besoin
de prendre son premier repas, et c'est alors
que l'on introduit dans les bassins des chevaux,
des ânes, des mulets, que l'âge ou le travail a
mis hors d'usage, et qui viennent ainsi rendre
à l'homme un dernier service. Dans l'origine,
ces infortunés animaux se vendaient 12 à
15 francs pièce seulement ; aujourd'hui on les
paye jusqu'à 100 et 120 francs dans les environs de Bordeaux. Les éleveurs intelligents,
au reste, ne les laissent dans les marais peu-
plés de sangsues que pendant un temps assez
court, après quoi ils cherchent à les refaire
par une nourriture substantielle, de manière

qu'ils puissent, au bout d'un certain temps, rendre de nouveau le même genre de service.

L'instinct vorace des sangsues est tel qu'à peine l'agitation de l'eau leur a-t-elle révélé la présence d'une proie vivante, qu'elles arrivent par milliers de tous les points du bassin, se précipitent sur la malheureuse victime, et là sucent, sucent, jusqu'à ce que, gorgées, ivres de sang, elles retombent dans leur bassin, et gagnent les profondeurs du marais pour s'y mettre à l'abri du froid et digérer leur succulent festin.

Pour qu'une sangsue puisse être livrée au commerce, il faut qu'elle ait au moins dix-huit mois. Mais avant qu'elle ait atteint ce terme, elle court de grands dangers, car elle est entourée d'ennemis redoutables auxquels les éleveurs font bonne guerre. Ces ennemis, qui se glissent perfidement dans les bassins, ou viennent se poser à leur surface, sont le rat d'eau, la taupe, la musaraigne, le canard sauvage, la poule d'eau, le râle, la bécassine et toute la famille des échassiers. Tant qu'elles sont dans leur marais natal, les sangsues ne sont sujettes à aucune maladie; c'est seulement lorsqu'on les transporte, qu'elles contractent des espèces de fièvres putrides qui en font périr un très grand nombre.

La pêche se fait de la manière la plus simple. D'avril à juin et de septembre à novembre, des femmes ou des hommes chaussés de grandes bottes de cuir entrent dans le marais, portant un sac et un petit siége en bois léger, et s'asseyent paisiblement. Aussitôt les sangsues, croyant qu'elles ont affaire à un cheval ou à un mulet, accourent et se cramponnent aux bottes des pêcheurs, qui les choisissent de l'œil et enlèvent avec le doigt celles qui conviennent. Mais ces sangsues, gorgées et nourries du sang des animaux, sont moins bonnes et moins appréciées que les sangsues vierges; aussi les éleveurs intelligents prennent-ils la précaution de les laisser dégorger dans des bassins particuliers pendant six mois ou un an avant de les livrer au commerce.

La pêche finie, vient le triage ; on divise les sangsues par grosseur ; on les place ensuite dans des baquets remplis d'une argile épurée et amollie où elles se casent. On recouvre ces baquets d'une toile solidement attachée, et c'est en cet état qu'elles arrivent dans les centres de consommation.

XXII

Une ortie qui est bonne à autre chose qu'à piquer.

Chacun de mes lecteurs connaît l'ortie ordinaire, cette plante si désagréable par ses pi-
quants, et qui est si commune en Europe dans
le voisinage des habitations et surtout des
étables. Les orties, comme chacun a pu le re-
marquer, sont hérissées de poils, à la base
desquels est une petite glande qui sécrète un
liquide âcre et caustique; quand ces poils tra-
versent notre peau, cette liqueur pénètre dans
la plaie et donne lieu à une inflammation vive
et cuisante. C'est à peu près le même phénomène qui a lieu lorsque le serpent à sonnettes
ou tel autre reptile venimeux vient à mordre
quelque animal : au moment de la morsure,
les dents du serpent venant à presser avec
force sur une glande remplie de venin et pla-
cée à leur base, le liquide empoisonné jaillit
par un petit canal qui traverse les dents de

5*

part en part, et devient ainsi la plus terrible des défenses contre les ennemis du reptile.

Les orties cependant peuvent rendre quelques services. Lorsqu'elles sont jeunes et tendres, on peut les apprêter comme des épinards, et elles constituent un légume aussi sain qu'agréable ; ou bien, quand elles sont devenues plus fortes, on peut, en les laissant se flétrir quelques heures, pour éviter les piqûres, les donner à manger aux vaches, qui les aiment beaucoup, et chez lesquelles on augmente ainsi la production du lait. En Suède, on cultive même l'ortie en grand pour la nourriture des bestiaux.

Néanmoins, l'ortie conserve sa mauvaise réputation de plante malfaisante, inutile, et ce n'est pas sans une certaine surprise que le public a pu contempler à l'Exposition les produits merveilleux d'une espèce d'ortie de la Chine, avec laquelle on fait des fils et des tissus aussi beaux que ceux du lin le plus fin et le meilleur. L'*ortie utile* ou *ramie* présente en effet une tige filamenteuse que l'on rouit comme le chanvre et le lin, et de laquelle on tire un fil qui, par sa blancheur, sa finesse et sa ténacité, l'emporte sur le meilleur lin ; il se laisse d'ailleurs facilement teindre et peut prendre les nuances les plus délicates. On voyait à l'Exposition de magnifiques échantillons de fibres de ramie envoyées par la Chine, par l'Inde anglaise et par les colonies hollandaises du sud-est de l'Asie, et il n'y a plus d'hésitation au sujet du brillant avenir qui semble réservé à cette ortie. La Chine l'emploie depuis l'époque la plus reculée de ses antiques dynasties à fabriquer des étoffes comparables à nos belles batistes ; les Indes orientales l'exploitent dans le même but ; les indigènes des Moluques et des grandes îles de l'archipel indien en font aussi des tissus, des cordages, des filets ; et des expériences, exécutées récemment avec le plus grand soin par ordre du gouvernement hollandais, ont montré que la quantité de fibres obtenues du ramie dépasse le rendement du meilleur lin ; que la ténacité de ces fibres est plus grande que celle du lin et du chanvre, enfin, que leur blancheur et leur beauté éclipsent celles du lin. Si, comme on le prétend, cette substance remarquable pouvait être apportée sur les marchés d'Europe en grande quantité et vendue au même prix que le bon lin (1 fr. 20 à

1 fr. 60 le kilogr.), il y aurait là pour les possessions hollandaises de l'Inde orientale la matière d'un commerce important et la source assurée de profits considérables.

Quoi qu'il en doive être dans l'avenir, les Anglais, qui depuis quelques années se préoccupent beaucoup de trouver de nouvelles matières textiles végétales propres à la fabrication du papier, ont accueilli avec grand enthousiasme, sous le nom de *China grass*, l'ortie de la Chine, et en attendent de magnifiques résultats.

XXIII·

Les arbres à cire.

Au milieu de tant et tant de merveilles dont
le Palais de l'Industrie était rempli, je suis
vraiment embarrassé parfois pour savoir lesquelles je dois choisir, et si d'avance je ne
m'étais pas imposé des limites infranchissa-
bles, ce n'est pas un petit volume, mais plusieurs gros que j'aurais à écrire sans que les
sujets vinssent à me manquer. Au risque d'al-
longer, je ne peux résister au désir de vous
dire quelques mots d'un sujet auquel je n'avais
pas d'abord songé, mais qui me paraît cependant devoir vous intéresser, soit comme ma-
nifestation de l'admirable sagesse avec laquelle
Dieu a organisé toutes choses, soit parce qu'il
s'agit d'un produit qui pourrait être introduit
en France avec grand avantage pour chacun
de nous. Je veux parler des *myrica* ou *arbres à
cire* des Etats-Unis.

Il existe dans la Floride, dans les Carolines et jusque dans la Pensylvanie, de vastes plaines marécageuses, plus ou moins boisées, horriblement malsaines, et qui seraient inhabitables si la Providence n'y avait fait croître en abondance des *myrica*, petits arbres qui ont la propriété d'assainir l'air en absorbant l'hydrogène des marais, gaz impur qui est la principale cause d'insalubrité dans ces lieux constamment humides. Et non-seulement ces arbres assainissent les foyers pestilentiels qui se trouvent dans le pays, et permettent aux hommes et aux animaux d'y vivre, mais ils répandent, lorsqu'il fait chaud, une odeur aromatique des plus agréables et qui est elle-même favorable à la santé.

De tels arbres seraient évidemment déjà un grand bienfait de la bonté de Dieu, indépendamment de tout autre produit. Mais les myrica présentent en outre une foule d'avantages, qui en feraient désirer vivement la naturalisation en France, naturalisation déjà effectuée depuis un certain temps en petit, bien qu'on n'ait pas encore su utiliser cette plante convenablement.

Sans parler des racines, qui sont employées

en Amérique pour certaines préparations médicinales; sans parler des feuilles, qu'on dit
très efficaces pour préserver les étoffes des
mites qui les rongent, les myrica offriraient
aux cultivateurs un revenu important dans la
cire qu'on peut retirer de leurs graines, et qui
a les mêmes usages et les mêmes qualités que
celle d'abeilles.

Il existe une dizaine d'espèces de *myrica*,
mais les deux seules à citer sont celle de la
Caroline (myrica cerifera) et celle de la Pensylvanie (myr. pensylvanica), dont la première
s'élève à la hauteur de trois ou quatre mètres,
la seconde à un et demi; elles ne diffèrent que
par la grosseur des fruits. Ces deux variétés
peuvent être cultivées avantageusement en
France. M. Kellermann, qui les recommande
vivement à l'intérêt des agriculteurs, est parvenu à en blanchir parfaitement la cire, et à
en faire des bougies semblables à celles qu'on
obtient de la cire des abeilles. Il pense qu'on
pourrait avec grand profit remplacer, dans les
lieux humides, les haies d'épines par des haies
de ciriers de la Pensylvanie, ou même en
établir des plantations sur de plus vastes es-
paces. En Algérie, la culture de cette plante

paraît prendre une assez grande extension.

On sème la graine dans une terre légère et on arrose abondamment. Au bout de deux ans, on repique les plantes dans l'endroit le plus frais possible et à 20 centimètres de distance l'une de l'autre; au bout de deux autres années, on peut mettre chaque arbuste à la place qu'il doit définitivement occuper. En Amérique, ces arbres sont très abondants, et couvrent la glus grande partie des marais. Ils fleurissent au printemps et avant la pousse des feuilles. Les graines restent sur l'arbre une partie de l'hiver; on a ainsi trois ou quatre mois pour les récolter.

Lorsqu'on veut extraire la cire, on récolte les fruits; on en remplit des sacs de toile que l'on plonge dans de l'eau bouillante; bientôt la cire liquéfiée monte à la surface de l'eau, d'où on l'enlève avec des spatules; on obtient ainsi de la cire presque pure. Mais comme il en reste une certaine quantité attachée aux fruits, on fait bouillir le marc dans l'eau, et alors on obtient la cire de deuxième qualité. Il ne reste plus après cela qu'à purifier cette matière, à la blanchir et à en confectionner des bougies.

XXIV

L'ambre jaune.

Parmi les divers objets fort remarquables exposés par la Prusse : statues en zinc doré, porcelaines, fers de Berlin, armes, draps, etc., nous nous sommes plu à étudier les innombrables objets sculptés en *ambre*, cette substance d'une origine si mystérieuse et que la Prusse fournit maintenant au monde entier.

L'ambre jaune, ou *succin*, ou *carabé*, est une matière résineuse d'un très bel éclat, d'un jaune pur ou tirant quelquefois sur le rouge ou le brun. Les variétés les plus estimées sont transparentes; mais il y a des variétés tout à fait opaques. Lorsqu'on soumet l'ambre à l'action de la chaleur, elle développe une odeur aromatique et agréable. Les variétés les plus communes sont employées pour la préparation du vernis gras; les plus beaux échantillons, au contraire, présentant une matière assez dure et susceptible de recevoir un beau poli, servent à la fabrication d'ornements infiniment divers : colliers, bracelets, chapelets, crucifix, chandeliers, petites coupes, porte-cigares, poignées de sabres ou de poignards, bouts de tuyaux de pipe, etc. ; nous nous souvenons même d'avoir vu dans les galeries du Palais-Royal un gros morceau d'ambre dont on a fait une pipe montée en argent et qui n'était pas estimée à moins de 1,000 francs. Nous n'avons rien vu d'aussi remarquable dans l'exposition prussienne ; mais les innombrables objets que nous avons observés étaient en général d'un aspect charmant et gracieux, et présentaient une variété infinie de nuances et de formes.

Chose bien singulière ! l'ambre jaune paraît provenir d'arbres du genre des pins, qui existaient avant le déluge, et dont on ne retrouve plus que les graines et les cônes. On a remarqué, en effet, que lorsqu'il est associé dans la terre à des dépôts de lignites et autres bois fossiles, il est ordinairement adhérent ou attaché à la partie extérieure de ces bois ou à l'écorce ; d'où l'on a conclu que le succin ne serait autre chose qu'une transformation d'une substance résineuse produite autrefois par des végétaux qui font aujourd'hui partie des dépôts de charbon minéral. On ne peut douter d'ailleurs que l'ambre jaune, comme les résines ou les gommes, n'ait été originairement à l'état liquide. Dans toutes les collections minéralogiques, on peut voir effectivement des échantillons de succin dans lesquels se trouvent empâtés des brins de plante et surtout des insectes très bien conservés, appartenant à des espèces qui n'existent plus de nos jours. La présence de ces animaux dans cette substance prouve qu'elle a été formée dans l'atmosphère, probablement pendant la vie des végétaux, et avant que ceux-ci, par une suite de bouleversements, aient été enfouis dans des terrains, où l'extrême chaleur les aura transformés en bois fossiles, lignite ou houille. Quelle mystérieuse histoire que celle d'un de ces morceaux d'ambre, quand on pourrait la suivre pas à pas!

On exploite le succin en France, à Auteuil près de Paris, et dans les dépôts de lignite des départements de l'Aisne, des Basses-Alpes et du Gard. Mais les gîtes les plus renommés et les plus considérables se trouvent sur les bords de la mer Baltique. Depuis Dantzig jusqu'à Mémel, l'exploitation de l'ambre jaune est l'objet d'une industrie très importante, qui n'existe guère que dans cette contrée. Il s'y trouve dans des couches de sable, de cailloux roulés et de bois fossiles. Les eaux des ruisseaux et des lacs de ce pays, les vagues de la mer sur la côte, en jettent sur le rivage des quantités considérables, que l'on recueille avec soin; mais on l'exploite aussi par des fouilles, et surtout en faisant ébouler le terrain dans les escarpements de la côte de la Baltique. Le gouvernement prussien en a affermé la pêche aux tourneurs de Dantzig moyennant 500,000 francs. Généralement, c'est après les plus violentes tempêtes que se font les plus belles récoltes de succin. Les pêcheurs, montés sur de petits bateaux, interrogent des yeux le fond de la mer, et dès qu'ils aperçoivent un beau morceau d'ambre, ils l'enlèvent avec un filet à travers les mailles duquel le menu gravier peut s'échapper. Ordinairement l'ambre jaune est en petits rognons; on en rencontre cependant quelquefois des masses considérables; on en cite un fragment qui ne pesait pas moins de 21 livres.

A Florence, dans le cabinet du grand-duc, on en fait admirer une colonne de 10 pieds de hauteur, faite de quelques morceaux de succin d'une grosseur exceptionnelle. Dans le palais de Tzarskoë-Cœlo, construit par Catherine II près de Saint-Pétersbourg, on remarque même tout un salon littéralement marqueté de cette substance.

L'ambre jaune est connu depuis une haute antiquité. Il était très estimé des anciens et surtout des Grecs, qui ont pris plaisir à accumuler sur ce sujet une foule de légendes merveilleuses. Selon toute apparence, l'ambre employé par eux provenait des mêmes localités qui le fournissent encore aujourd'hui au commerce ; mais les communications de la Grèce avec l'Allemagne du nord étant fort indirectes, on comprend que l'imagination des poëtes se soit exercée pour donner une origine merveilleuse à cette matière, que nous-mêmes nous connaissons encore si imparfaitement. Les Romains faisaient aussi grand cas de l'ambre, et l'on rapporte que du temps de Néron, cet empereur aussi prodigue que lâche et cruel, on envoya sur les bords de la mer Baltique une expédition tout exprès dans le but d'acheter de l'ambre qui pût donner plus de pompe à des jeux publics dans lesquels les filets et les cordages, entourant l'enceinte où combattaient les bêtes féroces, furent ornés de cette substance précieuse et rare, de même que tous les instruments et appareils employés dans ces jeux barbares.

Une autre circonstance assez intéressante se rattache à l'histoire de l'ambre. C'est dans cette matière que paraît avoir été découverte une propriété extrêmement curieuse, qui était déjà connue des anciens philosophes de la Grèce. Si, après avoir frotté vivement un morceau d'ambre sur une étoffe de laine, on l'approche de petits corps légers, tels que des parcelles de papier ou de moëlle de sureau bien sèche, ces objets seront fortement attirés et s'envoleront vers lui. Pendant longtemps ce phénomène singulier est demeuré sans conséquence ; mais depuis une centaine d'années il a été étudié avec soin ; la même propriété a été retrouvée dans beaucoup d'autres corps : on a découvert les moyens d'accumuler la force qui produit les légers phénomènes d'attraction que nous venons de décrire, et finalement, dans les mains des savants, cette

force, connue sous le nom d'*électricité*, a pu
produire les effets de la foudre. Au reste, ce
nom même d'électricité sous lequel on désigne
maintenant tous les phénomènes se rattachant
à cette branche importante des sciences phy-
siques, est dérivé du mot par lequel les Grecs
désignaient l'ambre **jaune** (*electron*), et rappelle ainsi que c'est dans cette substance que
les propriétés électriques ont été tout d'abord
découvertes et constatées.

XXV

Le quinquina.

L'Exposition universelle de 1855 nous a présenté plusieurs collections intéressantes d'écorce de quinquina, et notre attention a été d'autant plus attirée vers cette substance, qui rend de si grands services à la médecine et dont on semble craindre d'être bientôt presque complétement privé.

Le *quinquina* ou *quina* (du mot péruvien *kin-kin*, écorce des écorces) est en effet l'écorce de certains arbres du Pérou et du Brésil, qui croissent à 7 ou 800 mètres de hauteur, principalement sur les flancs de la Cordillère des Andes, et dont on compte une cinquantaine d'espèces, qui ne fournissent pas toutes le véritable quinquina. Cette substance précieuse est le *fébrifuge* par excellence; on l'emploie dans les fièvres continues et surtout dans les fièvres intermittentes, et la médecine possède assurément peu de remèdes dont l'effet soit aussi certain que celui-là. L'écorce de quinquina sert encore à ranimer les forces de l'estomac; enfin, employée en poudre ou en solution dans le vin, elle peut arrêter les progrès de la gangrène et des affections putrides.

Comment est-on arrivé à la connaissance des importantes propriétés du quinquina? Bien des explications merveilleuses ont été données à ce sujet. On a dit, par exemple, que des Indiens dévorés par la fièvre s'étant par hasard désaltérés à une mare où des troncs brisés de quinquina étaient baignés par l'eau, cette boisson, qui renfermait en dissolution les principes de l'écorce fébrifuge, rétablit les malades et révéla ainsi les propriétés précieuses d'un arbre jusqu'alors inconnu. — Ce qui est plus certain, c'est qu'en 1638, la comtesse del Cinchon, femme du vice-roi du Pérou, atteinte d'une fièvre intermittente rebelle, fut traitée par un corrégidor (indien) de Loxa, qui lui donna du quinquina et la guérit. Ce fait remarquable fut connu en Europe, et la poudre amère de l'écorce précieuse commença à être connue sous le nom de *poudre de la comtesse*. On l'appela aussi *remède des jésuites*,

5**

parce que ce fut, dit-on, un général des jésuites qui l'administra à Louis XIV. Selon
d'autres, ce fut un Anglais, nommé Talbot,
qui vendit à ce roi l'art d'employer le nouveau remède demeuré un secret jusqu'à ce
jour. Au siècle passé, le savant La Condamine rapporta la première espèce qu'on eût
vue en France et donna de l'arbre une des-
cription complète. Dès ce moment, la réputation de cette substance alla toujours croissant.
On l'employait sous forme de poudre ou d'é-
corce broyée, bien qu'une portion très minime de cette écorce eût de l'efficacité. Mais,
vers 1820, la découverte qui fut faite de la
quinine et de la *cinchonine*, deux substances
auxquelles l'écorce de cette plante doit toutes
ses propriétés médicinales, a permis de substi-
tuer à la poudre d'écorce du sulfate de quinine ou tel autre composé présentant un prin-
cipe médical très énergique sous un infiniment
plus petit volume.

Les arbres à quinquina sont tantôt assez
élevés, tantôt de petite taille. On ne les trouve
jamais réunis par touffes, mais toujours isolés
au milieu d'arbres d'une autre espèce; jamais
dans les plaines, mais seulement sur les mon-

tagnes. Les feuilles du quinquina sont lisses, assez épaisses et en forme de fer de lance. Chaque rameau du sommet de l'arbre finit par un ou deux bouquets de fleurs. Les variétés de cette plante sont extrêmement nombreuses; dans le commerce, on en distingue quatre catégories principales : les *quinquinas gris, les jaunes, les rouges* et *les blancs;* mais toutes ont de grandes analogies.

Malgré la variété des espèces, le mode d'exploitation du quinquina est de nature à donner des inquiétudes très sérieuses relativement à la production future d'une des substances les plus utiles de la matière médicale. En effet, le plus souvent, les hommes qui s'adonnent à la recherche des quinquinas, les *cascarilleros*, après s'être ouvert un passage, la hache à la main, à travers les épaisses forêts vierges de ces régions, ou s'être détournés cent fois pour éviter les précipices et les torrents, ne trouvent rien de plus simple que d'abattre l'arbre pour en avoir l'écorce, qu'ils emportent ensuite à des distances qui parfois nécessitent 15 à 20 jours de marche à travers des obstacles de tout genre, pour arriver à un lieu de rendez-vous ou de campement. Rien d'étonnant d'après cela si les grands arbres de ce genre ne se rencontrent à peu près plus.

Justement préoccupée de la disparition prochaine de végétaux qui sont pour elle une source d'importants revenus, la *république de l'Equateur* vient d'interdire aux particuliers d'aller faire chacun à leur guise la récolte des écorces de quinquina dans les vastes forêts des Cordillères qui sont la propriété de l'Etat. A l'avenir, nul ne pourra se livrer à cette industrie sans une permission spéciale, et défense très sévère est faite de dépouiller entièrement les arbres de leur écorce, de manière à les faire périr. Des mesures analogues ont été prises pour la conservation des arbres à caoutchouc. On ne saurait trop approuver de telles précautions, puisqu'elles tendent à conserver des plantes infiniment utiles à la société.

En attendant que ces mesures puissent produire quelque effet ; en attendant que les plantes de quinquina introduites en 1851 en Algérie puissent s'y naturaliser, le public savant a appris avec intérêt, par une communication du docteur Scherzer à la Société médicale de Vienne, qu'il existe, dans les Cordillères de l'Amérique centrale, un autre arbre appelé

chichiké, dont les indigènes emploient l'écorce
avec succès contre les fièvres intermittentes.
Cet arbre vient en grande abondance sur les
pentes occidentales des Cordillères, dans l'Etat
de Guatemala, et réussit surtout dans les lieux
un peu humides. Un quintal de l'écorce du
chichiké ne revient, dans le port de l'Océan
le plus rapproché, à guère plus de 8 piastres
(un peu plus de 41 francs), ce qui, vu le prix
extrêmement élevé du quinquina, serait certainement un fait très important pour la médecine. Espérons que cette bonté de Dieu,
qui nous a fait trouver des mines presque iné-
puisables de houille préparées d'avance par sa
sagesse dans les entrailles de la terre, pour le
moment où nos forêts étaient sur le point de
s'épuiser; qui nous a donné la pomme de terre
pour suppléer à l'insuffisance des céréales;
l'igname de la Chine, pour venir en aide à la
pomme de terre malade; la betterave, pour
ajouter à la production trop coûteuse de la
canne à sucre; le coton, pour subvenir à des
besoins que le chanvre, le lin et la laine ne
pouvaient satisfaire; espérons que la divine
Providence nous fera rencontrer au temps
convenable quelque autre substance propre à

remplacer la quinine, si l'arbre d'où l'on extrait celle-ci venait plus tard à nous manquer;
Celui qui en ordonnant à l'homme de croître,
de multiplier, de remplir la terre et de se l'as-
sujettir, a pris un soin si merveilleux de lui
faire trouver partout, même sous les glaces
des pôles, les ressources les plus variées pour
son alimentation et son bien-être, le Dieu dont
la sagesse est infiniment diverse et dont le
nom est amour, ne nous laissera pas dans
l'embarras et nous fera découvrir d'une manière ou d'une autre le secours dont nous
aurons besoin. Que nos cœurs soient seulement toujours disposés à sentir ses bienfaits
et à lui rendre honneur et gloire.

FIN.